U0199915

21 世纪建筑工程系列规划教材

建筑工程测量实训指导书与实训报告

主　编　李井永

副主编　李国斌　孙玉红　朱莉宏

参　编　王　芳　陈正耀　张　璇　李　楠

机械工业出版社

本书是李井永主编的《建筑工程测量》（ISBN 978-7-111-46853-0）教材的配套实训教材，是依据高等职业教育土建类专业的职业标准和岗位要求，按建筑工程测量课程的实践教学标准，为提高建筑工程测量相关的职业技能而编写的，主要内容包括 31 个建筑工程测量课堂实训任务的指导书与实训报告、建筑工程测量集中实训任务书、建筑工程测量集中实训报告书。

使用本书将减轻教师实践教学的准备工作量，并提高建筑工程测量课程的实践教学效果。本书可作为高等职业教育或应用型本科土建类专业建筑工程测量课程实践教学的辅助教材和实训报告书。

图书在版编目（CIP）数据

建筑工程测量实训指导书与实训报告/李井永主编. —北京：机械工业出版社，2014.8
21 世纪建筑工程系列规划教材
ISBN 978-7-111-46854-7

Ⅰ.①建… Ⅱ.①李… Ⅲ.①建筑测量 – 高等职业教育 – 教学参考资料
Ⅳ. ① TU198

中国版本图书馆 CIP 数据核字（2014）第 110010 号

机械工业出版社（北京市百万庄大街 22 号　邮政编码 100037）
策划编辑：覃密道　　责任编辑：覃密道
版式设计：霍永明　　责任校对：潘　蕊
封面设计：路恩中　　责任印制：李　洋
北京市四季青双青印刷厂印刷
2014 年 11 月第 1 版第 1 次印刷
184mm × 260mm · 6.25 印张 · 135 千字
0 001 – 3 000 册
标准书号：ISBN 978-7-111-46854-7
定价：16.00 元

凡购本书，如有缺页、倒页、脱页，由本社发行部调换
电话服务　　　　　　　　　网络服务
社服务中心：(010)88361066　　教材网：http://www.cmpedu.com
销售一部：(010)68326294　　机工官网：http://www.cmpbook.com
销售二部：(010)88379649　　机工官博：http://weibo.com/cmp1952
读者购书热线：(010)88379203　　**封面无防伪标均为盗版**

前　言

　　建筑工程测量是高等职业教育院校土建类专业一门实践性特别强的课程，建筑工程测量实训是培养学生动手能力的重要实践教学环节。本书是为满足高等职业教育土建类专业"建筑工程测量"课程实践教学需要，依据高等职业教育土建类专业的职业标准和岗位要求，为提高建筑工程测量相关的职业技能而编写的，是李井永主编的《建筑工程测量》教材（ISBN 978-7-111-46853-0）的配套实训教材。

　　本书开篇提出建筑工程测量实训须知，其内容是进行建筑工程测量实训前必须学习的知识，规定了实训要求、使用测量仪器和工具的注意事项、记录与计算规则。本书的主要内容为三大部分，第 1 部分是建筑工程测量课堂实训，是配合建筑工程测量课程理论教学安排的实训任务，共设计了 31 个实训项目，每个项目中包括该实训的任务、实训指导和实训报告；第 2 部分是建筑工程测量集中实训任务书，这部分内容是对集中实训任务和过程的全面规划；第 3 部分是建筑工程测量集中实训报告书。

　　本书针对建筑工程测量实践技能的系统性进行了全面规划，内容编排上循序渐进，重在训练学习者的建筑工程测量相关的职业技能。本书编写时注重理论与实践相结合，理论教材与实训教材统一编写，同时出版，同步使用，使学习者做到边学习理论边实践操作，在操作中深入掌握建筑工程测量理论。

　　本书体现了建筑工程测量实践教学内容的先进性。教材中设计的实训项目，不仅包含传统的光学测量仪器在建筑工程测量中的应用，还包括全站仪测量技术和 GNSS 测量技术，体现了测量技术的发展趋势。

　　本书由李井永主编，李国斌、孙玉红和朱莉宏任副主编，王芳、陈正耀、张璇和李楠参编。本书和配套的教材可作为高职高专和应用型本科建筑类专业的教材，也可作为建筑类专业继续学习的教材或自学用书，还可作为建筑类专业工程技术人员的参考书。

　　本书编写过程中，参考了大量资料和兄弟院校编写的一些教材（在参考文献中一并列出），得到了机械工业出版社和编者所在院校领导的大力支持，在此深表感谢。

　　本书中的缺点和不当之处，希望专家和各位读者不吝赐教。

编　者

目　录

建筑工程测量实训须知

1. 实训要求

（1）实训前做好预习，弄清实训的目的、要求、方法、步骤及有关注意事项，以保证按要求完成实训任务。

（2）实训分小组进行，组长负责组织和协调小组工作，办理所用仪器工具的借领和归还手续。每位同学都必须仔细认真地操作，培养独立工作的能力、严谨科学的态度，同时要发扬相互协作精神。

（3）实训应在规定的时间和地点进行，不得无故缺席或迟到早退，不得擅自改变地点或离开现场。

（4）实训中，如出现仪器故障，应及时向指导教师报告，不可自行处理。若有损坏或遗失，先进行登记，查明原因后，视情节轻重，按有关条例给予适当赔偿或处理。

（5）实训结束，应将观测记录、计算表交指导教师审阅，经允许方可收拾和清洁仪器工具，并按要求归还仪器与用具。

2. 使用测量仪器和工具的注意事项

（1）以小组为单位借领仪器工具。仪器工具均有编号，借领时应当场清点和检查，如有缺损，立即补领或更换。

（2）仪器搬运前，应检查仪器背带和提手是否牢固，仪器箱是否锁好。携带仪器和工具时，勿使其震动、碰撞。

（3）架设三脚架时，三条架腿长度和张角要适中，架头大致水平。如果地面为泥土地面，将各架脚尖踩入土中，使三脚架稳固，以防仪器下沉；如果在斜坡地上架设仪器三脚架，应使两条架腿在坡下，一条架腿在坡上；如果在光滑地面架设仪器三脚架，要采取安全措施，防止仪器脚架打滑。

（4）仪器箱应平稳放在地面上或其它平台上才能开箱。开箱后，看清仪器在箱中的位置，以便装箱时按原来位置放进去。取仪器前应先松开制动螺旋，以免在取出仪器时，因强行扭转而损坏制动装置。

（5）脚架放稳后，再从箱中取出仪器。取仪器时，应双手握住支架，或一手握住支架，另一手扶住基座，不要提望远镜，要轻取轻放，严防失手落地，仪器放到脚架上应立即旋紧连接螺旋并及时关闭箱盖，禁止坐仪器箱。

（6）使用仪器时，避免触摸仪器的物镜和目镜。如果镜头有灰尘，应用仪器箱中的软毛刷拂去或用镜头纸轻轻擦拭。严禁用手帕或纸张等物擦拭，以免损坏镜头。

（7）转动仪器时，应先松开制动螺旋，然后平稳转动；制动时，制动螺旋不能拧得太紧；使用微动螺旋时，应先旋紧制动螺旋。脚螺旋和微动螺旋活动范围有限，应尽量使用其中间部分，切勿旋至极限位置。

（8）在任何时候，仪器必须有人看管，避免无关人员摆弄以及行人车辆等冲撞仪器。在阳光或细雨下使用仪器时，必须撑伞，特别注意不得使仪器受潮。任何时候都不准将仪器连同脚架靠于树干或墙壁。

（9）远距离迁站或通过行走不便的地区时，必须将仪器装箱后再迁站。

（10）近距离且平坦地区迁站时，可将仪器连同三脚架一同搬迁，方法是：先检查一下连接螺旋是否旋紧，然后松开各制动螺旋，若为经纬仪应使望远镜对着度盘中心，若为水准仪物镜应向后。再收拢三脚架，左手握住仪器的基座或支架，右手抱住三脚架，仪器在上，近乎垂直地搬迁。仪器迁站时，必须带走仪器箱及有关工具。

（11）仪器使用完毕，应及时清除仪器及箱上的灰尘和三脚架上的泥土，及时收装并送还仪器工具。

（12）仪器装箱时，应先松开各制动螺旋，将基座上的脚螺旋旋至大致等高的位置，一手握住照准部支架或水准仪基座，另一手将中心连接螺旋旋开，双手将仪器从脚架上取下并装入箱中，确认放妥后，再旋紧各制动螺旋，检查仪器箱内的附件是否齐全，然后关闭箱盖并上锁。关箱时不可强压，关不上时应查明原因。

（13）使用钢尺时，应避免扭转、打结，防止行人踩踏和车辆碾压，以免钢尺折断；携尺前进时，必须提起钢尺行走，不允许在地面上拖走，以免损坏钢尺刻划；钢尺使用完毕，必须用抹布擦去尘土，涂油防锈。

（14）使用水准尺和测杆时，应注意防水、防潮，避免横向压力，以免弯曲变形，应轻拿轻放。不得将水准尺或标杆靠在树或墙上，以防滑倒摔坏或磨损尺面。标杆不得用于抬东西或做投掷。在使用塔尺时，应注意接口处的正确连接，用后及时收尺。

（15）使用测图板时，应注意保护板面，不准乱戳乱画，不能施以重压。

3. 记录与计算规则

（1）实训数据必须直接记入规定的表格，按记录格式用铅笔填写。不准以纸条记录事后誊写。凡记录表上规定应填写的项目不得空白。

（2）观测者读数后，记录者应在记录的同时回报读数，以防听错、记错。记录的数据应写齐规定的位数，表示精度或占位的"0"均不能省略。如水准尺读数1.68m应记作1.680m，角度读数18°6′6″应记作18°06′06″。

（3）禁止擦拭、涂改原始观测数据。记录数据若有错误，应在错误数据上划一斜杠，将改正数据记在原数上方，并在备注栏注明原因（如测错、记错或超限等）。

（4）如测错或精度不合格，应将该观测数据作废并重测。要求如表0-1所示。

表0-1 观测数据中不准更改的部位与需要重测范围

测量种类	不准更改的部位	应重测的范围
角度测量	分和秒的读数	一测回
距离测量	厘米和毫米的读数	一尺段
水准测量	厘米和毫米的读数	一测站

（5）禁止连续更改数据，如水准测量的黑面尺读数、红面尺读数，角度测量中的盘左、盘右读数，距离测量中的往、返读数等，均不能同时更改，而必须重测。

（6）数据计算时应根据所取位数，按"4舍6入，5前单进双舍"的规则进行凑整。

（7）每测站观测结束后，必须在现场完成规定的计算并检核，确认无误后方可迁站。

第1部分
建筑工程测量课堂实训

实训 1　测量平面直角坐标系和数学平面直角坐标系的转换

1. 目的和要求

（1）掌握测量学中的平面直角坐标系。

（2）理解数学中与坐标相关的计算公式在测量学中是完全适用的。

2. 用具

空白纸 1 张、笔 1 支、直尺 1 把。

3. 方法和步骤

（1）在空白纸上绘制数学平面直角坐标系，标明坐标轴、坐标原点和象限，表示出任意一点 A 的极坐标和直角坐标。

（2）将画有数学坐标系的白纸逆时针旋转 $90°$，使 x 轴向上，再将白纸翻转过来，从背面看这个坐标系。

（3）思考：与测量平面直角坐标系相比较，看看能得到什么结论。

4. 实训记录

回答表 1-1 中的问题。

表 1-1　测量平面直角坐标系和数学平面直角坐标系的转换实训报告

日期：＿＿＿＿＿＿＿＿　　　　　记录人：＿＿＿＿＿＿＿＿

问题	结论
测量平面直角坐标系的坐标轴是如何规定的？	
测量平面直角坐标系的象限是如何规定的？	
测量平面直角坐标系的角度是如何规定的？	
测量平面直角坐标系中坐标计算的公式和数学平面直角坐标系中坐标计算的公式是否有差别？	

5. 成绩评定

评语：

成绩：

指导教师：

实训2　光学水准仪的使用与水准尺读数

1. 目的和要求

（1）了解 DS$_3$ 微倾水准仪和自动安平水准仪的构造，认识水准仪各主要部件的名称并掌握其作用。

（2）初步掌握 DS$_3$ 微倾水准仪的安置、粗平、调焦与照准、精平与读数的方法，掌握自动安平水准仪的使用方法。

（3）学会用水准测量基本原理测定地面两点间的高差。

2. 仪器与工具

DS$_3$ 微倾水准仪 1 台，自动安平水准仪 1 台，水准尺 2 把，测伞 1 把。自备铅笔。

3. 方法与步骤

（1）安置水准仪：在测站上松开架腿的固定螺旋，按需要调整架腿长度，将螺旋拧紧。张开三脚架，使架头大致水平，并将架脚的脚尖踩入土中。然后从箱中取出水准仪，将其连接到三脚架上。

（2）认识水准仪：指出仪器各部件的名称，了解其作用并熟悉其使用方法，同时弄清水准尺的刻划与注记方式，并将观测结果记录到表 1-2 中。

（3）粗略整平水准仪（粗平）：按"左手定则"，先用双手同时反向旋转一对脚螺旋，使圆水准器气泡移至中间，再转动另一只脚螺旋使气泡居中。通常需反复进行。

（4）调焦与照准：转动目镜调焦螺旋，使十字丝清晰；松开水平制动螺旋，转动望远镜，利用照门和准星初步瞄准水准尺，旋紧水平制动螺旋；转动物镜调焦螺旋，使水准尺分划影像清晰；转动微动螺旋，使十字丝竖丝与水准尺刻划影像中心重合；眼睛略作上下移动，检查是否有视差；如果存在视差，则转动物镜调焦螺旋，消除视差。

（5）精确整平水准仪（自动安平水准仪无此步骤）：转动微倾螺旋，使符合水准器气泡相吻合。微倾螺旋转动方向与符合水准管左侧气泡移动方向一致。

（6）读数：用十字丝中丝在水准尺上读取以米为单位的 4 位读数。读数时，先估读毫米数，然后按米、分米、厘米及毫米一次读出。

（7）测定地面两点间的高差

1）在地面上选择 A、B 两点。

2）在 A、B 两点之间安置水准仪，使水准仪到 A、B 两点的距离大致相等，并粗略整平。

3）在 A、B 两点上各竖立一根水准尺，先瞄准 A 点上的水准尺，精确整平（自动安平水准仪不用精平）后读数，此为后视读数 a，记入表 1-3 中。

4）然后瞄准 B 点上的水准尺，精确整平（自动安平水准仪不用精平）后读数，此为前视读数 b，记入表 1-3 中。

5）计算 A、B 两点的高差。

$$h_{AB} = a - b$$

4. 记录与计算

在表1-2中填写 DS$_3$ 微倾水准仪各部件的功能，将观测数据与计算结果记录到表1-3中。

表 1-2　水准仪各部件功能

日期：_____　　仪器：_____　　记录人：_____

部件名称	功　能
准星和照门	
目镜调焦螺旋	
物镜调焦螺旋	
制动螺旋	
微动螺旋	
微倾螺旋	
脚螺旋	
圆水准器	
水准管	

表 1-3　水准仪读数练习

日期：_____　　仪器：_____　　观测人：_____

天气：_____　　地点：_____　　记录人：_____

测站	点号	水准尺读数/m		高差/m	备注
		后视读数	前视读数		
O	A		—		
	B	—			

5. 成绩评定

评语：

成绩：

指导教师：

实训 3　闭合水准测量

1. 目的和要求

（1）练习水准测量的观测、记录、计算和检核方法。

（2）由一个已知高程点 BMA 开始，经待定高程点 B、C、D，进行闭合水准测量，求出待定点 B、C、D 的高程。高差闭合差的容许值为

$$f_{h容} = \pm 12\sqrt{n}\,\text{mm}（或 f_{h容} = \pm 40\sqrt{L}\,\text{mm}）$$

（3）要求各测点应有一定高差、相邻点间的距离尽量稍长一些，以便能设置转点，使实训更接近实际水准测量过程。

（4）培养良好的操作习惯，精心操作，注意爱护测量仪器和工具。

2. 仪器和工具

DS$_3$ 微倾水准仪（或自动安平水准仪）1 台、水准尺 2 把、尺垫 2 个、测伞 1 把。

3. 方法与步骤

（1）在地面选定 BMA 为已知高程点，其高程由指导教师提供。再选 B、C、D 三个坚固点作为待定高程点，安置仪器于点 BMA 和转点 TP$_1$（放置尺垫）之间，目估前、后视距离大致相等，进行粗略整平和目镜调焦。测站编号为 1。

（2）后视 BMA 点上的水准尺，精平后读取后视读数，记入表 1-4。

（3）前视 TP$_1$ 上的水准尺，精平后读取前视读数，记入表 1-4。

（4）升高（或降低）仪器 10cm 左右，重复第 2、3 步骤。

（5）计算高差 $h_i = a_i - b_i$。两次测得的高差之差如不超过 ±6mm，则取第一次观测数据填表计算，否则重测该站的高差。

（6）将水准仪迁至 TP$_1$ 和 B 点之间，设置第 2 测站并继续观测。沿选定的路线，仍用第一站施测的方法，后视点 TP$_1$，前视点 B，依次连续设站，经过点 C 和点 D 连续观测，最后仍回至点 BMA。

（7）按《建筑工程测量》教材学习情境 2 中项目 5 所述的方法在表 1-4 中处理外业数据。

（8）按《建筑工程测量》教材学习情境 2 中项目 6 所述的方法在表 1-5 中进行闭合水准路线成果计算。

4. 注意事项

（1）在每次读数之前，必须使水准管气泡严格居中，并消除视差。

（2）应使前、后视距离大致相等。

（3）在已知高程点和待定高程点上不能放置尺垫。转点用尺垫时，应将水准尺置于尺垫半圆球的顶点上。

（4）尺垫应踩入土中或置于坚固地面，在观测过程中不得碰动仪器或尺垫，迁站时应保护前视尺垫不移动。

（5）水准尺必须扶直，不得前后倾斜。但读数时可采用前后缓慢摇尺的方法，读取最小读数，即为正确读数。

5. 记录与计算

将观测数据记录到表 1-4 中，在表 1-5 中完成成果计算。

表 1-4　水准测量手簿

日期：_____　　仪器：_____　　观测人：_____
天气：_____　　地点：_____　　记录人：_____

测站	点号	后视读数/m	前视读数/m	高差/m	高程/m	备注

表 1-5　水准测量成果计算表

日期：_____　　计算与记录人：_____

测段编号	点号	测站数/或距离	实测高差/m	改正数/m	改正后高差/m	高程/m	备注

6. 成绩评定

评语：

成绩：

指导教师：

实训 4　微倾式水准仪的检验与校正

1. 目的和要求

（1）了解微倾式水准仪各轴线应满足的条件。

（2）掌握微倾式水准仪检验和校正的方法。

（3）要求校正后，i 角值不超过 $20''$，其它条件校正到无明显偏差为止。

2. 仪器和工具

DS_3 水准仪 1 台，水准尺 2 把，尺垫 2 个，钢尺 1 把，校正针 1 根，螺钉旋具 1 把，记录板 1 块。

3. 方法与步骤

（1）圆水准器轴平行于仪器竖轴的检验与校正

1）检验。转动脚螺旋，使圆水准器气泡居中，将望远镜绕竖轴旋转 $180°$。如果气泡仍居中，则条件满足；如果气泡不再居中，则需校正。

2）校正。先转动脚螺旋，使气泡返回原偏离值的一半，然后稍旋松圆水准器底部中央的固定螺钉，用校正针拨动圆水准器校正螺钉，使气泡居中。如此反复检校，直到圆水准器转到任何位置时气泡都居中为止。最后旋紧中央固定螺钉。

（2）十字丝中丝垂直于仪器竖轴的检验与校正

1）检验。水准仪安置牢固后严格粗略整平，用十字丝交点瞄准远处一明显的目标点，旋紧制动螺旋，转动微动螺旋。如果该点始终在中丝上移动，则说明此条件满足；如果该点偏离中丝，则需校正。

2）校正。松开目镜固定螺钉，微微转动目镜筒，再进行第 1）项检验。反复检验与校正，直到满足条件为止。最后旋紧固定螺钉。

（3）水准管轴平行于视准轴的检验与校正

1）检验。见《建筑工程测量》教材图 2-40，在地面上确定距离为 80m 的 A、B 两点及中点 M。在 A、B 两点放置尺垫，将水准仪安置于 M 点，于 A、B 尺垫上立水准尺，测高差 $h_1 = a_1 - b_1$；改变仪器高度在 10cm 以上，又测得高差 $h_1' = a_1' - b_1'$。若 $h_1 - h_1' \leqslant \pm 3mm$，则取两次高差的平均值作为正确高差 h_{AB}。然后将仪器安置在 A 点附近（距 A 点 $2 \sim 3m$），瞄准 A 点水准尺，精平后读取 A 点水准尺读数 a_2'，则可计算出 B 点水准尺上视线水平时的读数 $b_2' = a_2' - h_{AB}$，瞄准 B 点上的水准尺，精平后读取 B 点上水准尺读数 b_2，根据 b_2' 与 b_2 的差值按 $i = \dfrac{b_2' - b_2}{D_{AB}}$ 计算 i 角。如果 i 角 $< \pm 20''$，则说明此条件满足；如果 i 角 $\geqslant \pm 20''$，则需校正。

2）校正。转动微倾螺旋，使中丝对准读数 b_2'，用校正针拨动上、下校正螺钉，使水准管气泡居中。重复此项检校，直到 i 角 $< \pm 20''$ 为止。

4. 注意事项

（1）检校水准仪时，必须按上述的规定顺序进行，不能颠倒。

（2）拨动校正螺钉时，一律要先松后紧，相对两侧的要一松一紧，用力不宜过大。校正完毕时，校正螺钉不能松动，应处于较紧状态。

5. 应交资料

将水准仪的检验与校正略图和说明填到表 1-6 中。

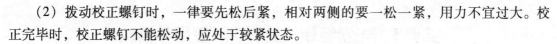
表 1-6　微倾水准仪的检验与校正

日期：_____　　仪器：_____　　观测人：_____

天气：_____　　地点：_____　　记录人：_____

圆水准器检验校正	十字丝检验校正	水准管轴检验校正	
第一次检验略图：	第一次检验略图：	$a_1 =$ $b_1 =$ $h_1 = a_1 - b_1 =$	$a_1' =$ $b_1' =$ $h_1' = a_1' - b_1' =$
第二次检验略图：	第二次检验略图：	$h_{AB} = (h_1 + h_1')/2 =$	
第三次检验略图：	第三次检验略图：	$a_2' =$ $b_2' = a_2' - h_{AB} =$ $i = \dfrac{b_2' - b_2}{D_{AB}} \rho'' =$	

6. 成绩评定

评语：

成绩：

指导教师：

实训 5　光学经纬仪的认识、使用与读数

1. 目的和要求

（1）了解 DJ_6 光学经纬仪的构造，主要部件的名称和作用。

（2）练习经纬仪的对中、整平、调焦与照准和读数的方法。

（3）要求对中误差小于 3mm，整平误差小于一格。

2. 仪器和工具

DJ_6 光学经纬仪 1 台，测钎 2 只，记录本 1 本，伞 1 把。

3. 方法与步骤

（1）用铅垂初步对中：张开三脚架，安置在测站上，使三脚架高度适中，架头大致水平。从箱中取出经纬仪，用连接螺旋将其连在三脚架上。挂上铅垂，平移三脚架，使锤球尖大致对准测站点，并注意保持架头大致水平，并将架脚的脚尖踩入土中。稍松连接螺旋，双手扶住基座，在架头上平移仪器，使铅垂尖准确对准测站点。

（2）整平并用光学对中器对中：松开照准部制动螺旋，转动照准部，使水准管平行于任意一对脚螺旋的连线，两手同时反向转动这对脚螺旋，使气泡居中；将照准部旋转 90°，转动第三只脚螺旋，使气泡居中。

通过在架头上平动经纬仪，用光学对中器照准地面的测站点，然后再做整平。

以上步骤反复 1~2 次，使照准部转到任何位置时水准管气泡的偏离都不超过 1 格、且光学对中器始终照准地面上的测站点，最后旋紧连接螺旋。

（3）调焦与照准：先纵转望远镜成盘左位置，再转动照准部，使望远镜对向明亮处，转动目镜对光螺旋，使十字丝清晰。松开照准部制动螺旋，用望远镜上的粗瞄器对准目标，使其位于视场内，然后固定望远镜制动螺旋和照准部制动螺旋。转动物镜调焦螺旋，使目标影像清晰；旋转望远镜微动螺旋，使目标像高低适中；旋转照准部微动螺旋，使目标像被十字丝的单根竖丝平分，或被双根竖丝夹在中间。眼睛微微左右移动，检查有无视差；如果有，则转动物镜调焦螺旋予以消除。

（4）读数：调节反光镜的位置，使读数窗亮度适当。转动读数显微镜目镜调焦螺旋，使度盘分划清晰。注意区别水平度盘与竖直度盘读数窗。

读取位于分微尺中间的度盘刻划线注记度数，从分微尺上读取该刻划线所在位置的分数，估读至 0.1′（即 6″ 的整倍数）。

盘左位置照准目标读出水平度盘读数后，纵转望远镜，盘右位置再照准该目标，两次读数之差约为 180°，以此检核照准和读数是否正确。

4. 记录与计算

将光学经纬仪各部件功能填入表 1-7 中，将角度观测数据填入表 1-8 中。

表1-7　经纬仪各部件功能

日期：_____　　仪器：_____　　观测人：_____

天气：_____　　地点：_____　　记录人：_____

部件名称	功　能
水平制动螺旋	
水平微动螺旋	
望远镜制动螺旋	
望远镜微动螺旋	
竖盘指标水准管	
竖盘指标水准管微动螺旋	
照准部水准管	
度盘变换手轮	
复测扳手	
测微轮	
竖盘指标自动补偿开关	

表1-8　水平度盘读数练习

日期：_____　　仪器：_____　　观测人：_____

天气：_____　　地点：_____　　记录人：_____

测站	目　标	竖盘位置	水平度盘读数 (°　′　″)	备　注

5. 成绩评定

评语：

成绩：

指导教师：

实训 6　用测回法观测水平角

1. 目的和要求

（1）掌握测回法测量水平角的操作程序和方法、学会测回法观测水平角的记录与计算方法。

（2）每位同学对同一角度观测一测回，上、下半测回角值之差不超过 ±40″。

（3）在地面上选择四点组成四边形，所测四边形的内角之和与 360°之差不超过 $\pm 60''\sqrt{4} = \pm 120''$。

2. 仪器和工具

DJ_6 光学经纬仪 1 台，测钎 2 只，记录本 1 本，伞 1 把。

3. 方法与步骤

（1）在地面上选择四点组成四边形，每位同学测量一个角度。

（2）在测站点安置经纬仪，对中、整平。

（3）盘左位置，照准左侧的目标并配零，读取水平度盘读数，记入观测手簿；然后松开照准部制动螺旋，顺时针转动照准部，照准右侧目标，读取水平度盘读数，记入观测手簿。

（4）松开照准部和望远镜制动螺旋，纵转望远镜成盘右位置，照准原右侧方向的目标，读取水平度盘读数，记入观测手簿；然后松开照准部制动螺旋，逆时针转动照准部，照准原左侧方向的目标，读取水平度盘读数，记入观测手簿。

4. 注意事项

（1）只测一个测回，目标不能照错，并尽量照准目标下端。

（2）立即计算角值，如果超限，则立即重测。

5. 提交成果

将观测结果记入表 1-9。

表 1-9　测回法观测手簿

日期：＿＿＿＿＿＿　　仪器：＿＿＿＿＿＿　　观测人：＿＿＿＿＿＿

天气：＿＿＿＿＿＿　　地点：＿＿＿＿＿＿　　记录人：＿＿＿＿＿＿

测站	竖盘位置	目标	水平度盘读数 （° ′ ″）	半测回角值 （° ′ ″）	一测回角值 （° ′ ″）	略图

6. 成绩评定

评语：

成绩：

指导教师：

实训 7　用方向观测法观测水平角

1. 目的和要求

（1）练习方向观测法测量水平角的操作方法、掌握相关记录和计算方法。

（2）半测回归零差不得超过 $\pm18''$；一测回 $2c$ 互差不得超过 $30''$。

（3）各测回方向值互差不得超过 $\pm24''$。

2. 仪器和工具

DJ_6 经纬仪 1 台，记录本 1 本，伞 1 把。

3. 方法与步骤

（1）在测站 O 安置经纬仪，对中、整平后，选定 A、B、C、D 四个目标。

（2）盘左位置，配置水平度盘读数略大于 $0°$，照准起始目标 A，读取水平度盘读数并记入观测手簿；顺时针方向转动照准部，依次照准 B、C、D、A 各目标，分别读取水平度盘读数并记入观测手簿，检查半测回归零差是否超限。

（3）盘右位置，逆时针方向依次照准 A、D、C、B、A 各目标，分别读取水平度盘读数并记入观测手簿，检查半测回归零差是否超限。

（4）计算。

$$同一方向二倍视准轴误差\ 2C = 盘左读数 - （盘右读数 \pm 180°）$$

$$各方向的平均读数 = \frac{1}{2}\left[盘左读数 + （盘右读数 \pm 180°）\right]$$

$$各方向的归零方向值 = 各方向的平均读数 - 起始方向的平均读数$$

（5）进行第二测回观测，起始方向的水平度盘读数配置在 $90°$ 附近，观测方法与第一测回相同。各测回同一方向归零方向值的互差不超过 $\pm24''$。

4. 注意事项

（1）应选择远近适中，易于照准的清晰目标作为起始方向。

（2）如果方向数只有 3 个，则可以不归零。

5. 应交资料

将观测成果记入表 1-10。

表 1-10 方向观测法观测手簿

日期：＿＿＿＿＿＿＿＿ 仪器：＿＿＿＿＿＿＿ 观测人：＿＿＿＿＿＿

天气：＿＿＿＿＿＿＿ 地点：＿＿＿＿＿＿＿ 记录人：＿＿＿＿＿＿

测站	测回数	目标	读数		2C (″)	平均读数 (° ′ ″)	归零方向值 (° ′ ″)	各测回归零方向值的平均值 (° ′ ″)	略图及角值
			盘左 (° ′ ″)	盘右 (° ′ ″)					
O	1	A							
		B							
		C							
		D							
		A							
	2	A							
		B							
		C							
		D							
		A							

6. 成绩评定

评语：

成绩：

指导教师：

实训 8　竖直角观测

1. 目的和要求

（1）练习竖直角观测、记录、计算的方法。

（2）了解竖盘指标差的计算方法。

（3）同一组所测得的竖盘指标差的互差不得超过 ±25″。

2. 仪器和工具

DJ$_6$ 光学经纬仪 1 台，记录本 1 本，伞 1 把。

3. 方法与步骤

（1）在测站点 O 上安置经纬仪，对中、整平后，选定 A、B 两个目标。

（2）先观察竖直度盘注记形式并写出竖直角的计算公式：盘左位置将望远镜大致放平观察竖直度盘读数，然后将望远镜慢慢上仰，观察竖直度盘读数变化情况。

若读数减少，则：α = 视线水平时竖盘读数 − 瞄准目标时竖盘读数

若读数增加，则：α = 瞄准目标时竖盘读数 − 视线水平时竖盘读数

（3）盘左位置，用十字丝中丝切于 A 目标顶端，转动竖盘指标水准管微动螺旋，使竖盘指标水准管气泡居中，读取竖直度盘读数 L，记入观测手簿并计算出 α_L。

（4）盘右位置，同法观测 A 目标，读取盘右读数 R，记入观测手簿并计算出 α_R。

（5）计算竖盘指标差：$x = \dfrac{1}{2}(L + R - 360°)$

（6）计算一测回竖直角：$\alpha = \dfrac{1}{2}(\alpha_L + \alpha_R)$

（7）用同法测定 B 目标的竖直角并计算出竖盘指标差。检查指标差的互差是否超限。

4. 注意事项

（1）每次竖盘读数前，必须使竖盘水准管气泡居中。

（2）竖直角观测时，对同一目标应以中丝切准目标顶端（或同一部位）。

（3）计算竖直角和指标差时，应注意正、负号。

5. 提交成果

将观测结果记入表 1-11。

表1-11 竖直角观测手簿

日期：_____ 仪器：_____ 观测人：_____

天气：_____ 地点：_____ 记录人：_____

测站	目标	竖盘位置	竖盘读数 (° ′ ″)	指标差 (″)	半测回竖直角 (° ′ ″)	平均竖直角 (° ′ ″)	备 注
O	A	左					
		右					
	B	左					
		右					

6. 成绩评定

评语：

成绩：

指导教师：

实训 9　电子经纬仪的使用

1. 目的和要求

（1）掌握电子经纬仪基本操作方法。

（2）学会使用电子经纬仪测量水平角和竖直角。

2. 仪器和工具

ET02 电子经纬仪（或其他型号电子经纬仪）1 台，记录本 1 本，伞 1 把。

3. 方法与步骤

（1）安置、对中与整平：调整三脚架到适当高度，并安置到测站点上。然后悬挂铅垂对中，注意架头大致水平。从箱中取出电子经纬仪，连接到三脚架上，连接螺旋不要旋紧。

转动照准部，使水准管平行于任意两个脚螺旋的连线方向，调节这两个脚螺旋使水准管气泡居中，再将照准部转动 90°，调节第三个脚螺旋使水准管气泡居中。

通过在架头上平动电子经纬仪，利用光学对中器严格对中。再用前述方法整平。

整平和用光学对中器对中的过程要重复进行，直到无论如何转动照准部，水准管气泡都居中（居中误差不能超过一格），且满足严格对中为止。

（2）开机：按"PWR"键开机。仪器上会显示"b"提示，此时，使仪器处于盘左位置，上下转动望远镜能校准竖盘指标自动补偿归零装置，竖盘读数方能正确显示。

注意，如果不整平开机，显示屏会一直显示"b"提示，不能进行竖直角观测。

（3）用电子经纬仪观测水平角：盘左位置，通过按"R/L"键，使屏幕显示水平角为"HR"（右旋），照准预定的左侧目标点 A 制动，按"OSET"键置零。

松开制动螺旋，顺时针方向转动照准部照准右侧目标点 B，读取屏幕上的水平度盘读数 HR 值，即为盘左测得的水平角角值 $\beta_左$。

倒转望远镜成盘右，通过按"R/L"键，使屏幕显示水平角为"HL"（左旋），照准右侧的 B 点制动，按"OSET"键置零。

松开制动螺旋，逆时针方向转动照准部，照准左侧目标点 A，读取屏幕上的水平度盘读数 HL 值，即为盘右测得的水平角角值 $\beta_右$。

将观测值填入表 1-12，如精度满足 $|\Delta\beta| = |\beta_左 - \beta_右| \leqslant 40''$ 的要求，计算出平均值作为最终角值。

注意：也可在 HR 状态下，用测回法观测水平角，详见实训 6。

（4）用电子经纬仪观测竖直角。用与光学经纬仪相同的方法确定竖直角计算公式。

盘左照准目标 A，读取竖直度盘读数 V 值即为盘左读数 L 值。

盘右照准目标 A，读取竖直度盘读数 V 值即为盘左读数 R 值。

将观测数据记入表 1-13 并进行竖直角计算。

同理观测目标 B 的竖直角。

4. 注意事项

（1）如使用其它型号的电子经纬仪，使用方法请参照仪器的使用说明书。

（2）注意要提前领取仪器，将电池充满电。

（3）操作中如误按"HOLD"键或"OSET"键，只要不按第二次就没有关系，当鸣响停止便可继续以后的操作。

5. 记录与计算表

表 1-12　电子经纬仪观测水平角手簿

日期：＿＿＿＿＿＿＿＿　　仪器：＿＿＿＿＿＿＿＿　　观测人：＿＿＿＿＿＿＿＿

天气：＿＿＿＿＿＿＿＿　　地点：＿＿＿＿＿＿＿＿　　记录人：＿＿＿＿＿＿＿＿

测站	竖盘位置	目标	水平度盘读数 （ ° ′ ″ ）	半测回角值 （ ° ′ ″ ）	一测回角值 （ ° ′ ″ ）	略　图
O	左（HR）	A				
		B				
	右（HL）	A				
		B				

表 1-13　电子经纬仪观测竖直角手簿

日期：＿＿＿＿＿＿＿＿　　仪器：＿＿＿＿＿＿＿＿　　观测人：＿＿＿＿＿＿＿＿

天气：＿＿＿＿＿＿＿＿　　地点：＿＿＿＿＿＿＿＿　　记录人：＿＿＿＿＿＿＿＿

测站	目标	竖盘位置	竖盘读数（V） （ ° ′ ″ ）	竖直角 （ ° ′ ″ ）	平均竖直角 （ ° ′ ″ ）	竖直角计算公式
O	A	左（L）				
		右（R）				
	B	左（L）				
		右（R）				

6. 成绩评定

评语：

成绩：

指导教师：

实训 10 光学经纬仪的检验与校正

1. 目的和要求

（1）了解光学经纬仪主要轴线之间应满足的几何条件。

（2）掌握光学经纬仪检验校正的基本方法。

2. 仪器和工具

DJ_6 经纬仪 1 台，校正针 1 枚，小螺钉旋具 1 把，记录本 1 本。

3. 方法与步骤

（1）水准管轴垂直于仪器竖轴的检验与校正

1）检验。初步整平仪器，转动照准部使水准管平行于一对脚螺旋连线，转动这对脚螺旋使气泡严格居中；然后将照准部旋转 180°，如果气泡仍居中，则说明条件满足，如果气泡中心偏离水准管零点超过一格，则需要校正。

2）校正。先转动脚螺旋，使气泡返回偏移值的一半，再用校正针拨动水准管校正螺钉，使水准管气泡居中。如此反复检校，直至水准管旋转至任何位置时水准管气泡偏移值都在一格以内。

（2）十字丝竖丝垂直于横轴的检验与校正

1）检验。用十字丝交点照准一远处清晰的目标点 P，转动望远镜微动螺旋，使竖丝上下移动，如果 P 点始终不离开竖丝，则说明该条件满足，否则需要校正。

2）校正。旋下十字丝分划板护罩，用小螺钉旋具松开十字丝外环的 4 个固定螺钉，转动十字丝分划板，直到使望远镜上下微动时，P 点始终在竖丝上移动为止，最后旋紧十字丝分划板的固定螺钉。

（3）视准轴垂直于横轴的检验和校正

1）检验。在平坦地面上，选择相距约 100m 的 A、B 两点，在 AB 连线中点 O 处安置经纬仪，在 B 点横放一根刻有毫米分划的直尺，使直尺垂直于视线 OB，A 点的标志、B 点横放的直尺应与仪器大致同高。用盘左位置照准 A 点，制动照准部，然后纵转望远镜，在 B 点尺上读得 B_1；用盘右位置再照准 A 点，制动照准部，然后纵转望远镜，在 B 点尺上读得 B_2。如果 B_1 与 B_2 两读数相同，说明条件满足。否则，按下式计算视准轴误差 c。

$$c = \frac{B_1 B_2}{4D}\rho$$

如果 $c > 60''$，则需要校正。

2）校正。在直尺上定出一点 B_3，使 $B_2 B_3 = B_1 B_2 / 4$，OB_3 便与横轴垂直。打开望远镜目镜护盖，用校正针先松十字丝上、下的十字丝校正螺钉，再拨动左右两个十字丝校正螺钉，一松一紧，左右移动十字丝分划板，直至十字丝交点对准 B_3。此项检验与校正也需反复进行。

（4）横轴垂直于仪器竖轴的检验。在离墙面约 30m 处安置经纬仪，盘左照准墙上高处一目标 P（仰角约 30°），放平望远镜，在墙面上投出 A 点；盘右再照准 P 点，放平望远镜，在墙面上投出 B 点；如果 A、B 重合，则说明条件满足；如果 A、B 相距大于 5mm，则需校正。

由于横轴校正设备密封在仪器内部，该项校正应由仪器维修人员进行，实习中只做检验。

（5）竖盘指标差的检验与校正

1）检验。整平经纬仪，盘左、盘右观测同一目标点 P，转动竖盘指标水准管微动螺旋，使竖盘指标水准管气泡居中，读记竖盘读数 L 和 R，按下式计算竖盘指标差。

$$x = \frac{1}{2}(L + R - 360°)$$

当竖盘指标差 $x > 1'$ 时需校正。

2）校正。仍盘右照准原目标 P，转动竖盘指标水准管微动螺旋，使竖直度盘读数为 $(R - x)$，此时竖盘指标水准管气泡必然偏离，用校正针拨动竖盘指标水准管一端的校正螺钉，使气泡居中。反复检查，直至指标差 x 不超过 $1'$ 为止。

4. 注意事项

（1）按实验步骤进行各项检验校正，顺序不能颠倒，检验数据正确无误才能进行校正，校正结束时，应旋紧各校正螺钉。

（2）选择仪器的安置位置时，应顾及视准轴和横轴的两项检验，既能看到远处水平目标，又能看到墙上高处目标。

5. 提交成果

检验与校正结果记入表1-14。

表1-14　经纬仪的检验与校正

日期：_____　　　仪器：_____　　　观测人：_____

天气：_____　　　地点：_____　　　记录人：_____

检 验 项 目	检 验 记 录		
水准管轴的检验与校正	绘制各次检验时气泡偏离状态：		
十字丝横丝的检验	绘制各次检验时十字丝与目标点的状态：		
视准轴的检验	第1次：$c=$	第2次：$c=$	
	第3次：$c=$	注：$c = \dfrac{B_1 B_2}{4D}\rho''$	
横轴的检验	AB 距离	第1次：	
		第2次：	
		第3次：	
竖盘指标差的检验	第1次：$x=$	第2次：$x=$	
	第3次：$x=$	$x = \dfrac{1}{2}(L + R - 360°)$	

6. 成绩评定

评语：

成绩：

指导教师：

实训 11　钢尺量距与用罗盘仪测量磁方位角

1. 目的与要求

（1）掌握距离测量的一般方法。

（2）学会使用罗盘仪测量磁方位角。

（3）要求往返测量距离，相对误差不大于 1/3000；往返测量磁方位角，往返磁方位角相差不超过 180°±1°。

2. 仪器和工具

DJ_6 光学经纬仪 1 台、钢尺 1 把、罗盘仪 1 台、木桩 2 根、测钎 6 根、斧头 1 把、记录本 1 本、伞 1 把。

3. 方法和步骤

（1）在地面选定相距约 100m 的 A、B 两个点，打下木桩，在桩顶上钉一小钉或画十字作为点位。

（2）在 A 点安置经纬仪，对中整平后照准 B 点并制动照准部。

（3）后尺手手执尺零端于起点 A，前尺手持尺并携带测钎沿 AB 方向前进，行至一尺段处停下。

（4）用经纬仪进行定线，经纬仪操作者指挥前尺手拿测钎左右移动，使其插在 AB 方向上。

（5）后尺手将尺零点对准点起点 A，前尺手沿直线水平拉紧钢尺，在钢尺的整尺段刻划处竖直地插下测钎，这样便丈量完一个尺段长度 l。

（6）后尺手与前尺手共同举尺前进，同法丈量其余各尺段。

（7）最后不足一整尺段时，后尺手将尺零点对准测钎，前尺手将尺对准 B 点，读出尺读数，精确到毫米位，得到余长 l'。则往测全长 $D_{往} = nl + l'$。

（8）同法由 B 向 A 进行返测，但必须重新进行直线定线。

（9）计算往返测量结果的平均值及相对误差

$$K = \frac{|D_{往} - D_{返}|}{D_{平均}} = 1 / \frac{D_{平均}}{|D_{往} - D_{返}|}$$

若 $K > 1/3000$，须重新测量。

（10）在 A 点安置罗盘仪，对中整平后照准 B 点，松开磁针固定螺旋放下磁针，待磁针静止后，用磁针北端读取直线 AB 的磁方位角数值，然后固定磁针。

（11）同法，在 B 点安置罗盘仪测量 BA 的磁方位角，往返测方位角相差不超过 180°±1°时，将 BA 的磁方位角 ±180°换算成 AB 的磁方位角并与 AB 的磁方位角取平均作为最后结果。

4. 注意事项

（1）使用钢尺时，不得让车辗、人踏，不准在地面上拖拉。尺身应平直不得扭结，用后擦去污垢并涂油防锈。

（2）钢尺拉出和卷入时不得过快，防止钢尺损坏。

（3）不准握住尺盒拉紧钢尺，防止钢尺末端从尺盒内拉出。

（4）使用罗盘仪时，应避开铁器干扰。

（5）钢尺应经检定再使用。

5. 数据记录与整理，在表1-15中进行。

表1-15　钢尺量距与磁方位角测量手簿

日期：　　　天气：　　　尺长：　　　班级：　　　小组：　　　记录：

经纬仪型号与编号：　　　罗盘仪编号：　　　　　　钢尺长度：

测段	量距外业数据			平均距离	相对误差	直线名	磁方位角
A－B	往测	整尺段数				A－B	
		余长/m					
		全长/m					
	返测	整尺段数				B－A	
		余长/m					
		全长/m					

6. 成绩评定

评语：

成绩：

指导教师：

实训12　视 距 测 量

1. 目的与要求

（1）掌握视距测量的观测方法。

（2）学会计算视距的方法。

2. 仪器和工具

光学经纬仪 1 台、水准尺 1 把、米尺 1 把、计算器 1 台

3. 方法与步骤

（1）在测站点 A 安置经纬仪，用米尺或塔尺量取仪器高 i（地面点至经纬仪横轴的高度，量至 cm）记入表 1-16 所示的视距测量手簿。假定测站点的高程为 35m。

（2）视距测量一般以经纬仪盘左位置进行观测，按《建筑工程测量》教材学习情境 3 中项目 5 所述方法确定出盘左时竖直角的计算公式并记入手簿。视距尺立于若干待定的地物点上（设为 $A-1$、$A-2$、$A-3$ 点）。瞄准直立的视距尺，转动望远镜微动螺旋，使中丝读数 v 与仪器高 i 大致相等。

（3）再微微转动望远镜微动螺旋，以十字丝的上丝（或下丝）对准尺上某一整分米数，读取下丝读数 a、上丝读数 b 并记入手簿。

（4）转动望远镜微动螺旋，使中丝读数 v 与仪器高 i 完全相等，转动竖盘指标水准管微动螺旋，使竖盘指标水准管气泡居中，读取竖盘读数 L。

（5）每人至少独立测定 3 个点。

（6）视距计算。视距测量时，计算测站点至待定点的水平距离 D、高差 h。

4. 注意事项

（1）视距测量前应检验并校正经纬仪的竖盘指标差，使指标差在 $\pm 1'$ 以内。

（2）观测时视距尺应竖直并保持稳定。

（3）用不同型号的计算器进行计算，方法会有不同，要仔细研究使用说明书。

5. 数据处理

在表 1-16 所示的视距测量手簿中完成成果计算。

表 1-16　视距测量手簿

日期：_____　　　仪器：_____　　　观测人：_____

天气：_____　　　地点：_____　　　记录人：_____

测站：A　仪器高 i：____ m　测站高程 H_A：____ m　　　竖直角计算公式：____

测点	下丝读数 a/m	上丝读数 b/m	尺间隔 l/m	中丝读数 v/m	竖盘读数 L/（°′）	竖直角 α/（°′）	水平距离 D/m	高差 h/m	高程 H/m	备注
$A-1$										
$A-2$										
$A-3$										

6. 成绩评定

评语：

成绩：

指导教师：

实训 13 全站仪测角、测距

1. 目的和要求

（1）了解全站仪的基本构造和各部件功能，了解全站仪键盘的基本功能。

（2）练习用全站仪测量水平角、竖直角、水平距离、倾斜距离、高差等基本测量工作。

2. 仪器和工具

全站仪 1 台，棱镜 1 组，伞 1 把，记录本 1 本。

3. 方法与步骤

（1）在指定训练场地布设 A、O、B 三个点，构成适当角度。

（2）在 O 点安置全站仪，进行对中、整平后开机。

（3）对全站仪进行配零、设置水平角值读数、改变左（右）旋角模式、改变竖角/天顶距等设置的操作。

（4）测量 AOB 的水平角 β，测量全站仪中心相对 A 点和 B 点的竖直角 α_A、α_B。

（5）在 A 点安置棱镜，实测后，设置温度、大气压和棱镜常数。

（6）测量 OA 间的水平距离、倾斜距离和高差。

4. 注意事项

（1）在领取、使用和搬迁全站仪和棱镜时，必须小心谨慎、轻取轻放，仔细操作，确保仪器安全。

（2）如所用的不是 NTS – 350 型全站仪，使用前要在指导教师的带领下，仔细学习其使用说明书。

5. 应交成果

提交全站仪测角、测距实训记录，如表 1-17 所示。

表 1-17 全站仪测角、测距实训记录

全站仪型号：　　　　全站仪编号：　　　　实训日期：

班级：　　　　　　小组：　　　　　　姓名：

测站	实训项目	基本步骤（或按键顺序）	数据或结果
O	全站仪安置		
	配零		
	配置水平角值读数		配置角值：
	改变左（右）旋角模式		
	改变竖角/天顶距模式		

（续）

测站	实训项目	基本步骤（或按键顺序）	数据或结果
O	水平角、竖直角测量		水平角值 $\beta =$
			竖直角
			$\alpha_A =$
			$\alpha_B =$
	设置温度		气温：
	设置大气压		大气压：
	距离、高差测量		HD：
			SD：
			VD：

6. 成绩评定

评语：

成绩：

指导教师：

实训 14　全站仪偏心测量与坐标测量

1. 目的和要求

（1）初步掌握用全站仪进行偏心测量的方法。

（2）初步掌握用全站仪进行坐标测量的方法。

2. 仪器和工具

全站仪 1 台，棱镜 1 组，伞 1 把，记录本 1 本。

3. 方法与步骤

（1）在适当位置安置全站仪，设立测站，选择一颗树木，将其中心 A_0 作为待测目标点。

（2）在与树木中心距离相同的 P 点安置棱镜。

（3）实测后，按学习情境 5 项目 5 所述方法设置好温度、气压、棱镜常数、棱镜高、仪器高、测量站点的坐标和已知方向的坐标方位角。

（4）按《建筑工程测量》教材学习情境 5 中项目 5 所述方法进行角度偏心测量并记录测量过程与结果。

（5）如《建筑工程测量》教材图 5-22 所示，按《建筑工程测量》教材学习情境 5 中项目 5 所述方法进行距离偏心测量，测量一已知半径的圆的中心坐标并记录测量过程与结果。

（6）如《建筑工程测量》教材中图 5-25 所示，按《建筑工程测量》教材学习情境 5 中项目 5 所述方法进行平面偏心测量，测量一墙面棱角的坐标并记录测量过程与结果。

（7）按《建筑工程测量》教材中图 5-28，在地面上设置 A、B 两点，将 A 点设为已知后视点，输入其方向角数据（由指导教师指定），按学习情境 5 项目 5 所述方法测量 B 点的坐标并记录。

4. 注意事项

（1）在领取、使用和搬迁全站仪和棱镜时，必须小心谨慎、轻取轻放，仔细操作，确保仪器安全。

（2）实习前仔细阅读《建筑工程测量》教材学习情境 5 中项目 1 中的相关知识。

（3）如所用的不是 NTS－350 型全站仪，使用前要在指导教师的带领下，仔细学习其使用说明书。

5. 应交成果

提交全站仪偏心测量、坐标测量实训记录，如表 1-18 所示。

表1-18　偏心测量、坐标测量与坐标放样实训记录

全站仪型号：　　　　　全站仪编号：　　　　　实训日期：

班级：　　　　　　　　小组：　　　　　　　　姓名：

测站	实训项目		基本步骤 （或按键顺序）	数据或结果
O	偏心测量与坐标测量	仪器设置	设置温度	气温：
			设置大气压	大气压：
			设置仪器高	仪高：
			设置棱镜高	镜高：
			设置测站点坐标	测站点坐标：$N_0 =$ $E_0 =$ $Z_0 =$
			设置 *P* 方向方位角 （按《建筑工程测量》教材图5-18）	*P* 方向方位角：
		角度偏心测量		HD（*r*）： HD（*f*）： SD（*f*）： VD（*f*）： A_1点坐标：N =　　E =　　Z =
		距离偏心测量		偏心距 *OHD*： P_0点位置 HR： HD： SD： VD： P_0点坐标：N =　　E =　　Z =
		平面偏心测量		P_1点位置描述： P_2点位置描述： P_3点位置描述： P_0点位置 HR： HD： SD： VD： P_0点坐标：N =　　E =　　Z =
		坐标测量		*A* 方向方位角 HR： *B* 点坐标 N： E： Z：

6. 成绩评定

评语：

成绩：

指导教师：

实训 15　全站仪闭合图根导线测量

1. 目的和要求

（1）掌握导线点的选取原则。

（2）掌握导线测量外业工作的流程。

（3）掌握导线内业计算的流程，能够独立进行内业计算。

（4）掌握图根导线的各项精度要求。

2. 仪器与工具

实训以小组为单位，每小组 4~6 人，选定小组长，负责实习管理工作。每组领取全站仪 1 台、脚架 3 个、棱镜 2 个（带基座）。

3. 方法与步骤与成果整理

（1）设计图根导线并布设导线点：各小组施测一条四边闭合导线，按《建筑工程测量》教材学习情境 6 项目 2 要求布设导线点。导线点位置选定后，要在每一点位上打一个木桩，在桩顶钉一小钉，作为点的标志。也可在水泥地面上用红漆划一圆，圆内点一小点作为标志，并统一编号。

测角精度、测边精度、方位角闭合差、导线全长相对闭合差等应符合《建筑工程测量》教材表 6-1 和表 6-2 的要求。

（2）测边与测角与连接测量。导线边长用全站仪直接测定，角度测量采用测回法，要求对导线的所有内角进行观测。观测数据填写于表 1-19 中。

表 1-19　导线测量外业记录表

日期：_____　　　仪器：_____　　　观测人：_____

天气：_____　　　地点：_____　　　记录人：_____

测点	盘位	目标	水平度盘读数（ ° ′ ″ ）	水平角		边名与距离
				半测回值（ ° ′ ″ ）	一测回值（ ° ′ ″ ）	
						边名：_____ 距离 = _____ m。
						边名：_____ 距离 = _____ m。
						边名：_____ 距离 = _____ m。

（续）

测点	盘位	目标	水平度盘读数 （ ° ′ ″ ）	水平角		边名与距离
				半测回值 （ ° ′ ″ ）	一测回值 （ ° ′ ″ ）	
						边名：_____ 距离 = _____ m。
校核		角度闭合差 f_β =				

有高级控制点时，必须进行连接测量。如无高级已知点，可以假设起算点坐标和起始边坐标方位角。

（3）内业计算与精度评定。在表 1-20 中完成闭合图根导线坐标计算，如精度不合格重新测量。

表 1-20　闭合导线坐标计算

日期：_____　　计算人：_____　　检核人：_____

点号	观测角	改正数	改正角	坐标方位角	距离/m	增量计算值		改正后增量		坐标	
						$\Delta x/m$	$\Delta y/m$	$\Delta x/m$	$\Delta y/m$	x/m	y/m
Σ											

（续）

辅助计算	$\sum \beta_{理} = (n-2) \times 180° =$ $f_{\beta} = \sum \beta_{测} - \sum \beta_{理} =$ $f_{\beta容} = \pm 40'' \sqrt{n} =$ $f_x = \sum \Delta x_{测} - \sum \Delta x_{理} =$ $f_y = \sum \Delta y_{测} - \sum \Delta y_{理} =$ $f_D = \sqrt{f_x^2 + f_y^2} =$ $K = f_D / \sum D =$

4. 成绩评定

评语：

成绩：

指导教师：

实训 16 四等水准测量

1. 实训目的

（1）掌握四等水准测量的观测、记录和计算方法。

（2）熟悉四等水准测量的主要技术指标，掌握测站及水准路线的检核方法。

（3）培养良好操作和爱护仪器的习惯，培养团结协作精神。

2. 实训要求

（1）四等水准测量外业观测要求和主要技术要求参照表 6-5 和表 6-6。

（2）实训需分组进行，每组 4~5 人，选择附合水准路线或闭合水准路线，起算高程可以假设。

3. 仪器和工具

DS_3 微倾水准仪 1 台、配套的双面水准尺 2 把、尺垫 2 个、测伞 1 把。

4. 方法与步骤

（1）选点。了解测区情况，选 4、6 或 8 个四等水准点组成一个附合或闭合水准路线，给每个水准点作上标志并编号。

（2）观测。四等水准采用"后、后、前、前"的观测程序，具体的观测过程如下：

1）在测站上安置水准仪，用圆水准器粗平。

2）后视黑面尺，精平，读下、上丝读数和中丝读数。

3）后视红面尺，精平，读中丝读数。

4）前视黑面尺，精平，读下、上丝读数和中丝读数。

5）前视红面尺，精平，读中丝读数。

（3）测站的记录与计算。对测站观测的数据进行计算，只有各项限差满足《建筑工程测量》教材中表 6-6 和表 6-8 的要求后，方能进行迁站，记录计算按《建筑工程测量》教材中表 6-7 的格式进行。

（4）控制点成果的计算。测站记录计算合格后，进行四等水准点的高程计算，计算表格按学习情境 2 水准测量成果计算表进行。

（5）精度评定。按《建筑工程测量》教材中公式（6-23）计算每千米水准测量高差全中误差，其值应小于等于 10mm。

5. 注意事项

（1）在每次读数之前，必须使水准管气泡严格居中，并消除视差。

（2）施测中每一站均需现场进行测站计算和校核，确认测站各项指标均合格后才能迁站。水准路线测量完成后，应计算高差闭合差，高差闭合差小于允许值方可收工，否则，应查明原因，返工重测。

（3）在已知高程点和待定高程点上不能放置尺垫。转点用尺垫时，应将水准尺置于尺垫半圆球的顶点上。

（4）尺垫应踩入土中或置于坚固地面上，在观测过程中不得碰动仪器或尺垫，迁站时应保护前视尺垫，不得移动。

（5）测站数一般应设置为偶数，为确保前、后视距离大致相等，可采用步测法，同时在施测过程中，应注意调整前后视距，以保证前后视距累积差不超限。

6. 提交成果

将观测数据填到表 1-21 所示的四等水准测量观测手簿中并计算高差，在表 1-22 中完成闭合水准测量成果计算。

表 1-21　四等水准测量观测手簿

日期：_____　　　　仪器：_____　　　　观测人：_____

天气：_____　　　　地点：_____　　　　记录人：_____

测站编号	后尺	下丝	前尺	下丝	方向及尺号	水准尺读数 /mm		K + 黑减红 /mm	平均高差 /m	备注
		上丝		上丝		黑面	红面			
	后视距		前视距							
	视距差 d/m		$\sum d$/m							
1					后					
					前					
					后－前					
2					后					
					前					
					后－前					
3					后					
					前					
					后－前					
4					后					
					前					
					后－前					
5					后					
					前					
					后－前					
6					后					
					前					
					后－前					
7					后					
					前					
					后－前					

（续）

测站编号	后尺	下丝	前尺	下丝	方向及尺号	水准尺读数/mm		K+黑减红/mm	平均高差/m	备注
		上丝		上丝		黑面	红面			
	后视距		前视距							
	视距差 d/m		$\sum d$/m							
8					后					
					前					
					后－前					
9					后					
					前					
					后－前					
10					后					
					前					
					后－前					
每页检核										

表 1-22　水准测量成果计算表

日期：＿＿＿＿＿＿＿　计算与记录人：＿＿＿＿＿＿＿

测段编号	点号	测站数或距离	实测高差/m	改正数/m	改正后高差/m	高程/m	备注
辅助计算							

7. 成绩评定

评语：

成绩：

指导教师：

实训 17　四等光电测距三角高程测量

1. 目的和要求

（1）掌握三角高程测量的外业观测和内业计算流程。

（2）掌握四等光电测距三角高程测量观测的主要技术要求。

2. 仪器和工具

每个实习小组全站仪 1 台、脚架 3 个、棱镜 2 个（带基座），记录板 1 块。

3. 方法与步骤

（1）踏勘选点：每组选 4~6 个四等三角高程点，构成闭合环，并假设其中一点为已知点进行测量和计算，注意边长不要超过 1000m。

（2）观测记录

1）全站仪架设在测站后，量取仪器高和目标高，设站完成后观测测站与临近两点的平距、竖直角和高差，并将这些内容记录在表 1-23 中。

2）观测要满足《建筑工程测量》教材表 6-9 和表 6-11 的要求，如果边长超过 300m 需要加球气差改正数，将球气差改正数填入表 1-23 中"边长改正数"列。

3）由于全站仪三角高程测量高差可直接读取，因此高差可以直接记录，但平距、竖直角、仪器高和目标高也要如实填写（如果存在边长改正则需要人工计算），以作检核。

4）测站检查合格后，再次量取仪器高和目标高，方可迁站。

（3）高程计算：按表 1-23 的观测数据，在表 1-24 中进行高程计算，如不够可加行计算。

（4）精度评定：根据《建筑工程测量》教材中的公式（6-23）计算每千米三角高程测量高差全中误差，对于四等光电测距三角高程测量而言，其值小于等于 10mm。

4. 提交成果

每组上交对向观测三角高程记录计算表和四等光电测距三角测量高程计算表各 1 份（附精度评定）。

表1-23　对向观测三角高程记录计算表

日期：＿＿＿＿＿＿＿＿　　仪器：＿＿＿＿＿＿＿＿　　观测人：＿＿＿＿＿＿＿

天气：＿＿＿＿＿＿＿＿　　地点：＿＿＿＿＿＿＿＿　　记录人：＿＿＿＿＿＿＿

测段	往返	平距/m	竖直角 ° ′ ″	仪器高/m		目标高/m		高差/m	高差平均值/m	边长改正数/m
				第1次	平均	第1次	平均			
				第2次		第2次				
	往									
	返									
	往									
	返									
	往									
	返									
	往									
	返									
	往									
	返									
	往									
	返									
备注										

表 1-24　四等光电测距三角高程测量成果计算表

日期：＿＿＿＿＿＿＿＿　　　　计算与记录人：＿＿＿＿＿＿＿

点名	距离/km	高差/m	改正数/m	改正后高差/m	高程/m
计算与检核					

5. 成绩评定

评语：

成绩：

指导教师：

实训 18 GPS 的认识与使用

1. 目的与要求

（1）了解一般静态 GPS 接收机的基本构造，掌握静态 GPS 测量的基本操作方法。

（2）了解一般 GPS 后处理软件的功能与一般使用方法。

（3）参观一般 GPS 接收机的工作方法、使用的要领，掌握仪器的操作方法。

（4）根据后处理软件的工作流程，总结 GPS 测量数据处理的基本内容。

2. 仪器及工具

每个实训小组 1 套 GPS 接收机（三台为一套，带脚架）、1 把米尺。自备铅笔及记录表格。

3. 实训步骤

（1）在开阔的地方从仪器箱中取出 GPS 接收机，在测站上安置仪器，对中、整平，并量取仪器高，然后将仪器高和当时的天气情况记入 GPS 测量手簿。

（2）启动 GPS 接收机：按接收机上的 ON/OFF 键，直到指示灯闪烁，松开按键，接收机即启动。根据靠近开关键的指示灯显示情况，可以看出 GPS 接收机的工作情况。

（3）测量过程中建立的数据文件

1）每个测站上采集的数据包含两个文件：

*. OBS 文件——观测文件

*. ××N——导航文件（其中××表示年，如 *. 11N）

两个观测文件中至少应有一个供后处理软件应用的导航数据文件。在每个时段测量的最后，还要记录反映卫星位置和卫星状况的星历数据文件，扩展名为 *. ALM，并可应用于后处理软件的计划方式。

文件名以 GPS 惯例自动生成，共有 8 个字符，它含有测站名、日期（观测时是一年中的第几天，即年积日）和时段号（ID）与点名（至少四个字符），如果在同一天重复设站，ID 会自动改变。

2）观测数据文件名由 8 个字符标记，其形式为：

× × × × × × × ×

第一个字符为 ID 标记（用字母 A 或 B……表示），第二到第四个字符表示接收机系列编号，第五到第七个字符表示一年中观测时的天数，第八个字符表示 Session ID（通常用 A 表示）。注意，不同的接收机可能会有不同的文件名编排顺序。

（4）停止观测。长时间按下 ON/OFF 健（一般 3 秒左右），直到指示灯灭为止。

（5）数据处理。利用外业观测的资料，在安装有 GPS 测量后处理软件的计算机中完成数据处理工作，工作内容包括：数据传输、基线预处理、平差计算、坐标转换和成果的输出。

4. 注意事项

（1）GPS 接收机属特别贵重设备，实习过程中应严格遵守测量仪器的使用规定。

（2）观测期间注意经常检查接收机的工作状态和电池电量等情况。

（3）GPS 接收机正常工作状态下，不要再转动或搬动仪器。

（4）正常测量时间应该大于 20 分钟。

（5）通过观看或动手操作 GPS 测量后处理软件，了解 GPS 测量数据后处理的一般步骤。

5. 观测记录

在表 1-25 中记录 GPS 认识与使用实训的成果。

表 1-25　GPS 的认识与使用

接收机型号及编号		天线类型及其编号		时段号	
观测记录员		观测日期		天气	
点号		点名		存储介质类型及编号	
原始观测数据文件名		Rinex 格式数据文件名		备份存储介质类型及编号	
近似纬度	° ′ ″N	近似精度	° ′ ″E	近似高程	m
采样间隔	s	开始记录时间	h min	结束记录时间	h min
天线高测定		天线高测定方法及略图		点位略图	
测前：　　测后： 测定值_____ m _____ m 修正值_____ m _____ m 天线高_____ m _____ m 平均值_____ m _____ m					
时间		卫星数		PDOP	
备注					

6. 成绩评定

评语：

成绩：

指导教师：

实训 19　GPS 平面控制测量

1. 目的和要求

（1）了解 GPS 平面控制网（静态）的布网方式、调度安排和外业观测流程。

（2）初步掌握 GPS 平面控制网的内业流程。

（3）掌握一种 GPS 数据处理软件。

2. 仪器与工具

每个实训小组领取 GPS 1 套（包括主机、脚架、基座、连接线等）、记录板 1 块、GPS 测量观测手簿 1 张。

3. 方法与步骤

（1）制定外业观测方案。外业观测前，需要对 GPS 网的等级和网形进行设计，GPS 网的网形是根据接收机的台数和点位确定的，设计时需要充分考虑测区的交通和地理环境，合理安排多台接收机进行观测。

（2）选择最佳观测时段。根据卫星预报模块，选择可见卫星数较多、卫星高度角较大、PDOP（位置精度强弱度）值较小的观测时段进行观测。

（3）外业观测

1）调度安排，确定每台接收机观测的测站、开机时间、迁站、交通布置等。

2）每小组按调度表规定的时间进行作业，保证同步观测同一卫星组。

3）每时段开机前，量取天线高，并及时记录（或输入）测站名、观测日期、时段号、天线高等信息。开机观测时，应注意观察 GPS 接收机的工作状态，看护好仪器，保证 GPS 收机处于稳定的工作状态。关机后再量取一次天线高作校核，两次量天线高互差不得大于 3mm，取平均值作为最后结果。若互差超限，应查明原因，提出处理意见。各项观测内容应如实填写到如表 1-26 所示的 GPS 测量观测手簿中。

4）确定接收机工作正常和记录无误后，进行迁站。

（4）内业数据处理。内业数据处理包括数据的传输、基线解算、环闭合差检验和平差计算等，由于解算软件不同，内业数据处理略有差异。将解算后的基线先进行无约束平差，然后进行约束平差。

（5）成果输出。约束平差后，输出和已知控制点坐标系统一致的坐标成果，同时还要输出 GPS 控制网的精度信息。

4. 注意事项

（1）仪器工作过程中，应对照指示灯工作状态说明，判断仪器工作是否正常。

（2）一个时段观测过程中不得进行以下操作：关闭接收机又重新启动；进行自测试（发现故障除外）；改变卫星高度角；改变数据采样间隔；改变天线位置；按关闭文件或删除文件等功能键。

（3）在作业期间不得擅自离开测站，并防止仪器受震动和被移动，防止人和其他物体靠近天线。

（4）在观测过程中不要在接收机附近使用对讲机，雷雨过境时，应关机停测并卸下天线以防雷击。

（5）记录观测时的天气状况。

5. 提交资料

每个实训小组提交 GPS 测量观测手簿与 GPS 网平差报告各 1 份。

表 1-26　GPS 测量观测手簿

点号		点名		图幅编号	
观测记录员		观测日期		时段号	
接收机型号及编号		天线类型及其编号		存储介质类型及编号	
原始观测数据文件名		Rinex 格式数据文件名		备份存储介质类型及编号	
近似纬度	°　′　″N	近似精度	°　′　″E	近似高程	m
采样间隔	s	开始记录时间	h　min	结束记录时间	h　min
天线高测定		天线高测定方法及略图		点位略图	

测前：　　　　测后：
测定值_____m _____m
修正值_____m _____m
天线高_____m _____m
平均值_____m _____m

时间	卫星数	PDOP

备注

6. 成绩评定

评语：

成绩：

指导教师：

实训 20　用经纬仪测绘法测绘地形图

1. 目的和要求

（1）掌握视距测量的观测与计算方法。

（2）掌握用经纬仪测绘法测绘地形图的方法，绘制测区 1:500 比例尺的地形图。

2. 仪器与工具

每个实习小组准备经纬仪 1 套、塔尺 1 把、测图板 1 块、比例尺 1 把、量角器 1 个、分规 1 个、测伞 1 把。自备 A3 图纸一张、铅笔、橡皮。

3. 方法与步骤

（1）测图准备。如果实训 15、实训 16 和实训 19 的控制点保护完好，本实训的控制测量采用前面三个实训的测量结果。否则需要先按实训 16 或实训 19 进行平面控制测量，再按实训 16 进行高程控制测量。

按《建筑工程测量》教材学习情境 8 中项目 2 所述方法绘制坐标方格网及控制点。

（2）经纬仪测绘法测图。经纬仪测绘法插图见《建筑工程测量》教材图 8-14。

1）安置仪器。首先在控制点 A 上安置经纬仪（包括对中、整平），量取仪器高 i，设置水平度盘读数为 0°00′，后视另一控制点 B，将起始方向 AB 的观测数据记入手簿表 1-27。

2）将图板安置在测站近旁，目估定向，以便对照实地绘图。连接图上相应控制点 A、B，得图上起始方向线 AB。然后，用小针通过量角器圆心的小孔插在 A 点，使量角器原心固定在 A 点上。

3）观测员将经纬仪瞄准碎部点上的标尺，使中丝读数 v 在 i 值附近，读取视距尺间隔 Kl，然后使中丝读数 v 等于 i 值（如条件不允许，也可以随便读取中丝读数 v），再读竖盘读数 L，记入手簿，并依据视距离测量公式计算水平距离 D 与高差 h。

$$D = L\cos\alpha = Kl\cos^2\alpha$$

$$h = \frac{1}{2}Kl\sin 2\alpha + i - v$$

4）展点、绘图。在观测碎部点的同时，绘图员应根据观测和计算出的数据，在图纸上进行展点和绘图，将碎部点方向的水平角值对在起始方向线 AB 上，则量角器上零方向便是碎部点方向。然后沿零方向线，按测图比例尺和所测的水平距离定出碎部点的位置，并在点的右侧注明其高程。

同法测量其他碎部点，将所有碎部点的平面位置及高程，绘于图上。然后，参照实地情况，按《地形图图式》规定的符号及时将所测的地物和等高线在图上表示出来。每测 20 ~ 30 个碎部点后，应检查起始方向。要求起始方向度盘读数变化不得超过 4′，如超出，应重新照准起始方向配零定向。

在描绘地物、地貌时，应遵守以下原则：

（1）随测随绘，地形图上的线划、符号和注记一般在现场完成，并随时检查所绘地物、地貌与实地情况是否相符，有无漏测，及时发现和纠正问题，真正做到点点清、站站清。

（2）地物描绘与等高线勾绘，必须按《地形图图式》规定的符号和绘制原则及时进行，对于不能在现场完成的绘制工作，也应在当日内业工作中完成，要求做到天天清。

（3）为了相邻图幅的拼接，一般每幅图应测出图廓外 5mm。

如果测图时间较长，可搬站，否则完成 A 点一测站的测图工作即可。

4. 数据的记录计算

在表 1-27 中完成碎部测量数据的记录与计算。

5. 提交成果

（1）提交碎部测量手簿表 1-27。

（2）每个实训小组提交一张比例尺为 1:500 的地形图。

表 1-27　碎部测量手簿

班级：_____　学号：_____　姓名：_____　时间：_____

测站：A　定向点：B　仪器高：　　m　测站高程：　　m　指标差 $x=$　　"仪器：DJ6

测点	尺间隔 l/m	中丝读数 v/m	竖盘读数 L	竖直角 α	高差 h/m	水平角 β	水平距离 D/m	高程 H/m	备注

（续）

测站：*A*　定向点：*B*　仪器高：　　m　测站高程：　　m　指标差 $x =$　″仪器：DJ6

测点	尺间隔 l/m	中丝读数 v/m	竖盘读数 L	竖直角 α	高差 h/m	水平角 β	水平距离 D/m	高程 H/m	备注

（将所绘地形图粘贴到此处）

地
形
图

6. 成绩评定

评语：

成绩：

指导教师：

实训 21　用全站仪测绘平面图

1. 目的和要求

（1）掌握用全站仪测量点坐标的方法。

（2）掌握用全站仪测绘大比例尺地形图的基本原理和基本方法。

2. 仪器与工具

每个实习小组准备全站仪 1 套、单棱镜 2 个、对中杆 2 根、装有 CAD（最好安装有 CASS 系统）的笔记本电脑 1 台、伞 1 把。自备铅笔、橡皮。

3. 方法与步骤

（1）图根控制测量。以一栋建筑及其周围道路等地物为测绘对象，在建筑四周布设 4 个控制点 A、B、C、D，教师根据实地情况及方位指定 A 点的坐标和 AB 边的坐标方位角及高程。（如果实训 15、实训 16 和实训 19 的控制点保护完好，本实训的控制测量采用前面三个实训的测量结果。否则需要先按实训 16 或实训 19 进行平面控制测量，再按实训 16 进行高程控制测量。）

（2）展绘控制点。打开笔记本电脑，按控制点的坐标在 CAD 软件中绘制出 A、B、C、D 并连线。存盘图形文件。

（3）碎部测量。依次在 A、B、C、D 安置全站仪，按《建筑工程测量》教材学习情境 5 中项目 5 所述方法测量建筑各转折角和其他碎部点（如道路边线的转折角）坐标，同时编号记录坐标数据。边测量边在 CAD 中按坐标展绘出碎部点。

（4）在 CAD 中按地形图图式规定符号连接相应碎部点，绘制出楼房及周围道路等地物，并对所绘平面图进行检查与整饰。注意随时存盘图形文件。

（5）回到室内后按 1∶500 比例打印出图。

4. 记录与计算

碎部测量手簿如表 1-28 所示。

5. 提交成果

（1）提交控制测量记录计算表。

（2）打印建筑及其周边平面图并附表 1-28 后。

表 1-28　全站仪测图碎部测量手簿

测区____ 观测者____ 记录者____ ____年 ____月 ____日 天气____ 第___页

测站	碎部点号	碎部点坐标		碎部点高程 Z/m	碎部点说明
		N/m	E/m		
测站点：_____					
测站点坐标：					
N：_____					
E：_____					
Z（高程）：_____					
仪器高：_____					
棱镜高：_____					
后视点号：_____					
后视方位角：_____					
测站点：_____					
测站点坐标：					
N：_____					
E：_____					
Z（高程）：_____					
仪器高：_____					
棱镜高：_____					
后视点号：_____					
后视方位角：_____					
测站点：_____					
测站点坐标：					
N：_____					
E：_____					
Z（高程）：_____					
仪器高：_____					
棱镜高：_____					
后视点号：_____					
后视方位角：_____					
地形图	（将所绘地形图粘贴到此处）				

6. 成绩评定

评语：

成绩：

指导教师：

实训 22　测设点的平面位置

1. 目的和要求

（1）掌握已知水平角和已知水平距离的测设方法。

（2）掌握极坐标法测设点位的基本方法。

（3）角度测量误差不超过 ±24″，距离测量误差不超过 1/3000。

2. 仪器和工具

DJ$_6$ 经纬仪 1 台，50m 钢尺 1 把，测杆 1 根，木桩 3 根、斧头 1 把、记录板 1 块，计算器 1 个，伞 1 把，记录本 1 本。

3. 方法与步骤

（1）布设控制点并设定起算数据。选择一长宽至少各为 30m 的平坦场地，如图 1-1 所示，在场地西南角附近选择一点，打下一个木桩，桩顶钉小钉作为 A 点。从 A 点用钢尺向北丈量一段 30.000m 的距离，同样打木桩，桩顶钉小钉作为 B 点。设 A、B 两点的坐标分别为 A（100.000m，100.000m）、B（130.000m，110.000m）。假定欲测设点 P 的坐标为 P（112.280m，123.360m）。

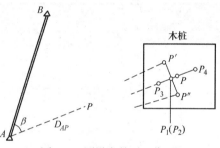

图 1-1　测设点的平面位置

（2）计算测设数据。根据控制点 A、B 和待测设点 P 的坐标，在表 1-29 中，计算经纬仪安 A 点，用极坐标法测设 P 点的测设数据。

（3）测设已知水平角。在 A 点安置经纬仪，对中、整平后，成盘左瞄准 B 点，配置水平度盘读数为 0°00′00″；顺时针转动照准部，使水平度盘读数为 β，用测钎在地面标出该方向，在该方向上从 A 点概量水平距离 D_{AP}，打下木桩；并在木桩上仔细定出一点 P′。

经纬仪成盘右照准 B 点，配置水平度盘读数为 180°00′00″；顺时针转动照准部，使水平度盘读数为 180° +β，在木桩上仔细定出另一点 P″。取 P′P″ 的中点为 P$_1$ 点。

用测回法测量 ∠BAP$_1$，进行两个测回，两测回较差不超过 ±24″，取其平均值为 β′，若与设计值的差 $\Delta\beta = \beta - \beta'$ 不超过 ±24″，则将 AP$_1$ 方向作为 AP 的方向。

若超差，用精密方法继续测设水平角 β，垂直改正量为

$$P_1P_2 \; = \; AB\frac{\Delta\beta}{\rho}$$

将 P$_1$ 点沿与 AP$_1$ 垂直方向改正 P$_1$P$_2$，记为 P$_2$ 点，将 AP$_2$ 方向作为 AP 的方向。

（4）测设已知水平距离。用经纬仪严格照准第 3 步确定的 AP 方向 P$_1$ 或 P$_2$ 点，用钢尺从 A 点起沿 AP 方向量出已知的水平距离 D_{AP}，在木桩上定出一点 P$_3$。

从 A 点再测设一次已知的水平距离 D_{AP}，在木桩上定出一点 P$_4$。P$_3$、P$_4$ 相距 ΔD，若相对误差 $K = \Delta D/D_{AP} < 1/3000$，则取 P$_3P_4$ 的中点作为 P 点的最终位置。如精度不合格，重新测设。

4. 注意事项

（1）如 Δβ>0，向外改，否则向内改。

（2）实训时指导老师可以改变给定的起算数据。

（3）实习中注意钢尺防折。

5. 应交成果

提交极坐标法测设数据计算表 1-29、极坐标法测设点位角度检核表 1-30、极坐标法测设点位过程记录表 1-31。

表 1-29   极坐标法测设数据计算表

日期：_____   仪器：_____   观测人：_____

天气：_____   地点：_____   记录人：_____

边	坐标增量/m		水平距离	坐标方位角 α	水平夹角 β
	Δx	Δy	D/m	（ ° ′ ″ ）	（ ° ′ ″ ）
$A-B$			—		
$A-P$					

表 1-30   极坐标法测设点位角度检核

日期：_____   仪器：_____   观测人：_____

天气：_____   地点：_____   记录人：_____

测站	测回数	竖盘位置	目标	水平度盘读数（ ° ′ ″ ）	半测回角值（ ° ′ ″ ）	一测回角值（ ° ′ ″ ）	平均角值（ ° ′ ″ ）
	1						
	2						

表 1-31   极坐标法测设点位过程记录表

日期：_____   仪器：_____   观测人：_____

天气：_____   地点：_____   记录人：_____

距离测设检核	计算距离		距离误差	
	复测距离		距离相对误差	
测设过程记录与说明				

6. 成绩评定

评语：

成绩：

指导教师：

实训 23　测设高程和已知坡度线

1. 目的和要求

（1）掌握测设已知高程的方法。

（2）练习用水平视线法测设已知坡度线。

（3）在墙面上测设一条长 50m、设计坡度为 −1% 的坡度线。每隔 10m 定一点。

2. 仪器和工具

DS_3 水准仪 1 套，水准尺 1 把，30m（或 50m）钢尺 1 把，木桩 6 根，斧头 1 把，粉笔若干，记录板 1 块，计算器 1 个，伞 1 把。

3. 方法与步骤

（1）如图 1-2 所示，选择一段长于 50m 的墙面。在墙面的一侧确定一点 A，作为坡度线的起点，假设其高程为 28.000m。

（2）由坡度线起点 A 沿坡度线方向，用钢尺每隔距离 $d = 10m$ 定一点，在墙上画出标志，分别记为 1、2、3、4、B 点。

（3）在水准点 A 上立水准尺，在适当位置安置水准仪，粗平后照准水准尺，精平后读取后视读数 a。

（4）依次计算各点的应读读数。

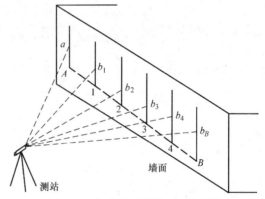

图 1-2　在墙面上测设已知坡度线

$$\begin{cases} b_{1应} = a + id \\ b_{2应} = a + 2id \\ b_{3应} = a + 3id \\ b_{4应} = a + 4id \\ b_{B应} = a + 5id \end{cases}$$

（5）在 1 点处立尺，转动水准仪照准水准尺并精平，指挥扶尺手上下移动水准尺，直到读数为 $b_{1应}$，用铅笔在尺底处画线，画线处即为 1 点的设计高程位置。

（6）用与第 5 步相同的方法，依次测设出 2、3、4、B 点的设计高程位置。各点连线即为测设出的坡度线。

4. 注意事项

可再测设一次，以便检核。各桩点的高程位置与前一次相差不应超过 ±5mm。

5. 记录与计算表

记录和计算在表 1-32 中完成。

表 1-32　坡度线测设手簿

坡度线全长_____　　设计坡度_____　　起点高程_____

点号	后视读数（m）	距离（m）	应读读数（m）
A			—
1	—		
2	—		
3	—		
4	—		
B	—		

6. 成绩评定

评语：

成绩：

指导教师：

实训 24　全站仪坐标放样

1. 目的和要求

（1）继续熟练全站仪的使用方法。

（2）掌握用全站仪进行坐标放样的方法。

2. 仪器和工具

全站仪 1 台，棱镜 1 组，伞 1 把，记录本 1 本。

3. 方法与步骤

在地面上指定两个点 A 和 B，将全站仪安置在 A 点上。照准已知点 B。假定测站点 A 的坐标（由指导教师指定），假定 B 的坐标或照准 B 方向的后视或方向角（由指导教指定），假定待测设点 C 的坐标（由指导教师指定），按《建筑工程测量》教材学习情境 9 项目 6 中所述方法，在地面上放样（测设）出 C 点的位置。

4. 注意事项

如所用的不是 NTS-350 型全站仪，使用前要在指导教师的带领下，仔细学习其使用说明书。

5. 应交成果

提交全站仪坐标放样实训记录，如表 1-33 所示。

表 1-33　坐标放样实训记录

全站仪型号：　　　　全站仪编号：　　　　实训日期：

班级：　　　　　　　小组：　　　　　　　姓名：　　　　　天气：

测站	实训项目	基本步骤（或按键顺序）	数据或结果	
A	仪器设置	设置温度	气温：	
		设置大气压	大气压：	
		设置仪器高	仪高：	
		设置棱镜高	镜高：	
		设置测站点 A 坐标	测站点坐标：$N_0 =$　　$E_0 =$　　$Z_0 =$	
		设置 B 方向方位角	B 方向方位角 $HR =$	
	坐标放样		C 点坐标：$N =$　　$E =$　　$Z =$	
			全站仪计算的放样参数	$HR：$ $HD：$

6. 成绩评定

评语：

成绩：

指导教师：

实训 25　施工坐标与测量坐标的换算

1. 实训目的

掌握施工坐标与测量坐标的换算方法。

2. 实训步骤

（1）由指导教师准备一栋建筑的建筑总平面图。要求学生在图上设计施工坐标系，施工坐标系的坐标轴与建筑物主轴线平行。

（2）要求学生在建筑总平面图上由设计建筑轴线交点的测量坐标换算出对应的施工坐标。

如图 1-3 所示，若将 P 点的测量坐标转化为施工坐标，其换算公式为：

$$\begin{cases} A_P = (x_P - x_Q)\cos\alpha + (y_P - y_Q)\sin\alpha \\ B_P = -(x_P - x_Q)\sin\alpha + (y_P - y_Q)\cos\alpha \end{cases}$$

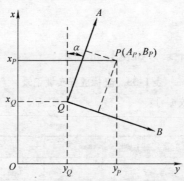

图 1-3　施工坐标与测量坐标的换算

（3）由一栋已知建筑角点的施工坐标换算出对应的测量坐标。

若将 P 点的施工坐标转化为测量坐标，其换算公式为：

$$\begin{cases} x_P = x_Q + A_P\cos\alpha - B_P\sin\alpha \\ y_P = y_Q + A_P\sin\alpha + B_P\cos\alpha \end{cases}$$

3. 实训成果

在表 1-34 中完成施工坐标与测量坐标的换算。

表 1-34　施工坐标与测量坐标的换算

日期：_____　　仪器：_____　　观测人：_____

	点号	测量坐标		施工坐标	
		x	y	A	B
测量坐标转化为施工坐标					

	点号	施工坐标		测量坐标	
		A	B	x	y
施工坐标转化为测量坐标					

4. 成绩评定

评语：

　　　　　　　　　　　　　　　　　　　　　　　成绩：

　　　　　　　　　　　　　　　　　　　　　　　指导教师：

实训 26 建筑基线的测设

1. 实训目的

掌握用全站仪测设建筑基线的方法。

2. 仪器工具

每个实习小组领取全站仪 1 套、棱镜 2 个（带脚架）、比例尺 1 把、三角板 1 套、实训 20 或实训 21 所绘制的地形图 1 张、记录本 1 本，自备铅笔和橡皮。

3. 实训步骤

（1）在已有的地形图上设计一条建筑基线。保证建筑基线与建筑物轴线平行或垂直、控制点尽量与基线的起点和终点通视。

（2）利用地形图求基线的起、终点坐标。

（3）选择两个原测图控制点分别作为测站点和定向点。

（4）用《建筑工程测量》教材学习情境 10 中项目 2 所述方法，到实训场地在测站点上安置全站仪，根据基线点的坐标将基线点测设到地面上并做出标志。

（5）精度评定。基线两端点放样完毕，用全站仪实测两端点间水平距离 $D_{测}$，并根据两端点设计坐标计算两端点间的水平距离 D_0，计算其水平距离差和相对误差，精度应满足

$$\frac{|D_{测} - D_0|}{D_0} \leq \frac{1}{5000}$$

若放样结果不满足要求，需返工重做。

4. 实训成果

将实训中的数据填入表 1-35，并在其中说明实训的基本过程。

表 1-35 建筑基线测设数据及实训过程说明表

日期：_____ 仪器：_____ 观测人：_____

天气：_____ 地点：_____ 记录人：_____

点 名	X 坐标/m	Y 坐标/m	高程/m	备注
实训过程说明				

5. 成绩评定

评语：

成绩：

指导教师：

实训 27　龙门板法基础放线

1. 目的和要求

（1）掌握民用建筑龙门板法基础放线的方法。

（2）进一步学习测设的基本技能。

2. 仪器和工具

DS_3 水准仪 1 台，DJ_6 经纬仪 1 台，水准尺 1 把，钢尺 1 把，木桩 7 根、长木板 2 块，斧头 1 把、小钉若干，细线若干米、白灰若干、铁锹 1 把，伞 1 把，记录本 1 本。

3. 方法与步骤

如图 1-4 所示，按如下步骤进行实训。

（1）由教师给定相应设计数据，指导学生用下面的公式计算出基槽开挖的半宽度。

基槽开挖的半宽度 = 基础底面设计半宽 + 作业面 + 放坡宽度

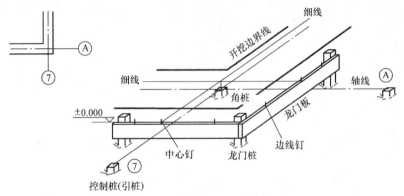

图 1-4　龙门板法基础放线

（2）在指定的实训场地，由指导教师指挥学生在地面上打下木桩作为角桩，如图 1-4 所示。

（3）在角桩上安置经纬仪，在地面上测设两条互相垂直的直线分别作为⑦轴和Ⓐ轴，并在距离开挖边界线 4m 左右的距离钉下轴线控制桩。

（4）在开挖边界线外约 1.5m 的地方打下龙门桩。

（5）按教师给定的控制点和 ±0.000 标高的绝对高程，用水准仪在龙门桩上测设出 ±0.000 标高的位置，并在龙门桩侧面画线作为标志。

（6）使木板顶面对齐龙门桩上的 ±0.000 标高线，将木板钉在龙门桩上，作为龙门板。

（7）用经纬仪将⑦轴和Ⓐ轴的轴线分别投测到两块龙门板上，并钉小钉作为标志，即中心钉。

（8）按计算的半槽口宽度，在龙门板上中心钉两侧测设距离并钉槽口边线钉。

（9）在槽口边线钉上拉线，用铁锹铲白灰，演示放出开挖边界线。

4. 实训记录

在表 1-36 中整理实训记录，要记录实训的过程和收获。

表1-36 龙门板法基础放线记录表

日期：_____ 仪器：_____ 观测人：_____

天气：_____ 地点：_____ 记录人：_____

项目	记 录
测设数据及略图	
实训过程说明	
实训收获	

5. 成绩评定

评语：

成绩：

指导教师：

实训 28　建筑物施工测量现场参观

1. 目的和要求

根据建筑工程测量课程开设学期，联系在建工程施工现场，组织学生对施工测量进行现场参观，由指导教师和现场放线员讲解各种工程施工测量的方法。

实训前要做好安全教育，制定严格的纪律要求，遵守施工现场的安全管理规定。

要求：通过参观，了解建筑施工场地的控制测量、了解民用建筑工程施工测量的基本方法、了解工业建筑施工测量的方法。

在表 1-37 中记录实训过程和收获。

表 1-37　建筑物施工测量现场参观记录表

日期：_____　天气：_____　地点：_____　姓名：_____

项目	记录
建筑物施工测量现场参观过程	
参观的工作内容	
参观收获	

2. 成绩评定

评语：

成绩：

指导教师：

实训 29　道路圆曲线主点测设

1. 目的和要求

掌握圆曲线主点元素的计算和主点的测设方法。

2. 仪器工具

DJ$_6$ 光学经纬仪 1 台、钢尺 1 把、标杆 1 根、测钎 10 只、木桩 4 个，斧头 1 把、计算器 1 个。

3. 方法与步骤

（1）如图 1-5 所示，在空旷地面打一木桩作为道路的交点 JD_1，然后沿张角大约为 120° 的两个方向延伸 30m 以上，定出两个主点 JD_0 和 JD_2，插入测钎。

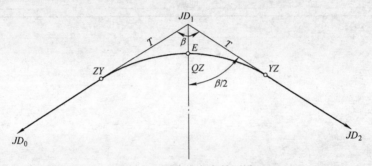

图 1-5　圆曲线主点的测设

（2）在 JD_1 点安置经纬仪，以一个测回测定转折角 β，计算线路偏角 $\alpha = 180° - \beta$。设计圆曲线半径 $R = 60\text{m}$，按下式计算切线长 T、曲线长 L、外矢距 E 和切曲差 D 并将数据记录到表 1-38 中。

$$
\begin{cases}
T = R\tan\dfrac{\alpha}{2} \\[2mm]
L = R\alpha\dfrac{\pi}{180°} \\[2mm]
E = R\left(\sec\dfrac{\alpha}{2} - 1\right) \\[2mm]
D = 2T - L
\end{cases}
$$

（3）按式下面两套公式计算曲线主点的桩号。

$$
\begin{cases}
ZY \text{桩号} = JD \text{桩号} - T \\[2mm]
QZ \text{桩号} = ZY \text{桩号} + \dfrac{L}{2} \\[2mm]
YZ \text{桩号} = QZ \text{桩号} + \dfrac{L}{2}
\end{cases}
$$

$$JD \text{桩号} = YZ \text{桩号} - T + D$$

（4）将安置于 JD_1 点的经纬仪先后照准 JD_0 和 JD_2，并沿两方向分别测设切线长 T，定出圆曲线的起点（直圆点）ZY 和终点（圆直点）YZ，打下木桩，并测设出精确位置钉小钉表示点位。

（5）用经纬仪照准 YZ 点，在右侧测设水平角值为 $\beta/2$，定出 QZ 方向，沿该方向测设水平距离 E，即定出曲中点 QZ。

4. 注意事项

（1）计算曲线元素时，应经两人独立计算且校核无误后，方可测设点位。

（2）实训所占场地较大，仪器工具多，防止遗失。

5. 数据记录

数据记录到表 1-38 所示的表格中。

表 1-38　圆曲线元素计算与测设略图

日期：_____　　仪器：_____　　观测人：_____

天气：_____　　地点：_____　　记录人：_____

交点 JD_1 桩号/m		切线长 T/m	
转折角 β/° ′ ″		曲线长 L/m	
偏角 α/° ′ ″		外矢距 E/m	
曲线半径 R/m		切曲差 D/m	
测设略图			

6. 成绩评定

评语：

成绩：

指导教师：

实训30　线路纵横断面测量

1. 目的和要求

（1）掌握纵横断面图测绘的测量与计算方法。

（2）水准测量高差闭合差$f_{h容} = \pm 40\sqrt{L}\,mm$。

2. 仪器工具

经纬仪1台、水准仪1台、钢尺1把、标杆1根、水准尺2把、木桩15根、斧头1把、伞1把、记录本1本。

3. 方法与步骤

（1）管道中线测量

1）在地面上选定不在一条直线上、且总长度为150m左右的A、B、C三点，各打一木桩，作为管道的起点、转点和终点。

2）用经纬仪配合钢尺从A点（桩号为0+000）开始，沿中线每隔20m钉一里程桩，各里程桩的桩号分别为0+020、0+040…，并在沿线坡度较大及有重要地物的地方增加加桩。

3）在B点安置经纬仪，用《建筑工程测量教材》学习情境12中项目1中任务3所述方法测定转向角，并将数据记录到表1-39中。

（2）纵断面水准测量。

1）将水准仪安置于已知高程点A（教师指定其高程）和转向点B之间，用高差法测量出B点的高程，再用视线高法计算出各中间点的高程。记录到表1-40中。

2）同法测定C点及B、C点间中间点的高程。最后要闭合到A点。闭合差不得超过$\pm 40\sqrt{L}mm$。

（3）横断面水准测量。实训可只测量一个里程桩处的横断面，横断面水准测量可与纵断面水准测量同时进行，分别记录，记录到表1-41中。

1）确定里程桩处的横断面方向（用经纬仪测设）。

2）用钢尺量出横断面上地形变化处到中桩的距离并注明点在中线的左右位置。

3）用水准测量方法依次测量并计算各选定点的高程。

4. 数据记录

表格形式见表1-39、表1-40和表1-41。

表1-39　转向角测量手簿

测区：＿＿＿＿＿＿　　　观测者：＿＿＿＿＿＿　　　记录者：＿＿＿＿＿＿

日期：＿＿＿＿＿＿　　　天　气：＿＿＿＿＿＿　　　仪　器：＿＿＿＿＿＿

测站	目标	竖盘位置	水平度盘读数/° ′ ″	转向角/° ′ ″	转向角方向
B	A	左			
	C	右			

表 1-40　纵断面水准测量记录手簿

测站	桩号	水准尺读数			高差		仪器视线高程	高程
		后视	前视	中间视	+	-		

表 1-41　横断面测量记录手簿

$\dfrac{前视读数}{至中桩距离}$(左)/m	$\dfrac{后视读数}{桩号}$	(右)$\dfrac{前视读数}{至中桩距离}$/m

5. 成绩评定

评语：

成绩：

指导教师：

实训 31 建筑物沉降观测

1. 目的和要求

（1）掌握建筑物沉降观测的方法和过程。

（2）掌握沉降曲线图的绘制方法。

2. 仪器与工具

DS_1 水准仪 1 台，精密水准尺 2 根，记录本 1 本，伞 1 把。自备铅笔。

3. 方法与步骤

（1）收集一幢建筑物沉降观测点和水准基点的点位位置资料和原有沉降观测记录，并现场踏勘点位和测站。

（2）安置水准仪，用三、四等水准测量的方法观测 3～4 个点，并计算沉降观测点的高程。

（3）将观测点的高程与前次观测结果比较，并将计算结果记录到表 1-42 中。

（4）按原有观测数据和本次沉降观测结果绘制沉降曲线图。

4. 提交成果

每组提交观测点水准测量记录手簿、观测点高程成果计算表和沉降曲线图。

表 1-42　沉降观测记录表

测区：＿＿＿＿＿＿＿　　　　观测者：＿＿＿＿＿＿＿　　　　记录者：＿＿＿＿＿＿＿

日期：＿＿＿＿＿＿＿　　　　天　气：＿＿＿＿＿＿＿　　　　仪　器：＿＿＿＿＿＿＿

观测次数	观测时间	各观测点的沉降情况						备注
		1			2			
		高程/m	本次下沉/mm	累积沉降/mm	高程/m	本次下沉/mm	累积下沉/mm	

观测次数	观测时间	各观测点的沉降情况						备注
		3			4			
		高程/m	本次下沉/mm	累积沉降/mm	高程/m	本次下沉/mm	累积下沉/mm	

5. 成绩评定

评语：

成绩：

指导教师：

第 2 部分
建筑工程测量集中实训任务书

建筑工程测量集中实训是学生在学完"建筑工程测量"课程后,针对建筑工程中的测量工作进行的一次综合、系统的训练,计划时间为两周,各院校可根据实际情况增加实训时间。建筑工程测量综合实训对培养学生的工程测量岗位能力意义重大。

1. 建筑工程测量集中实训的目的

(1)巩固课堂所学的工程测量知识,提高学生的工程测量工作能力。

(2)熟练掌握各种测量仪器和工具的使用方法。

(3)熟练且规范地进行各种工程测量的操作,并能达到相应的精度要求。

(4)能独立筹划、组织一般的工程测量工作。

(5)培养学生实事求是、一丝不苟的科学态度,吃苦耐劳、相互协作的职业道德。

2. 实训任务与时间安排

工程测量集中实训任务与时间安排如表 2-1 所示。

3. 仪器和工具的配备

每个实训小组准备下列仪器工具:

GPS 1 套(3 台,带脚架),全站仪 1 套,三棱镜两套,经纬仪 1 台,水准仪 1 台,测图板 1 块,水准尺 2 支,钢尺 1 把,尺垫 1 个,标杆 2 根,测钎 1 组,记录板 1 块,比例尺 1 把,量角器 1 个,三角板(带量角器)1 副,斧头 1 把,木桩若干,伞 1 把,红漆 1 瓶,绘图纸 1 张,有关记录手簿、计算纸,计算器,橡皮及铅笔等。

4. 实训组织

工程测量集中实训以教学班为单位,在实训教师的指导下,分组进行。具体注意事项如下。

(1)全面学习学习情境 2 项目 8 的测量实训须知,严格遵守其中的有关规定。实训前做好准备,随着实训进度复习教材的有关章节。

(2)分组室外实训,视具体情况,每组最好安排为 4~6 名学生。

(3)实训期间,实训动员、高程控制测量、平面控制测量、全站仪测图、施工测量前各集中一次。

(4)仪器使用

1)各测量小组领用仪器前检查,用完送回换下一种仪器。

2)仪器使用期间学生负责保管,组长落实责任,注意仪器安全,不准放在教室中,仪器损坏或遗失要赔偿。

(5)纪律要求

1)组长负责组织本组实训,要切实负责,合理安排,使每人都有练习的机会,不要单纯追求进度;组员之间应团结协作,密切配合,以确保实训任务的顺利完成。

2)集中缺席、做与实训无关的事情或影响实训、考勤点名不在成绩都降一等。

3)有事请假必须经指导教师批准。事假超过两天,病假超过三天,旷课超过半天成绩记为不及格。

表 2-1　工程测量综合实训任务与时间安排

实训项目	实训内容与安排	时间/天
实训准备	实训动员：讲述实训目的、内容、时间安排、纪律要求、安全教育和考核方法	0.5
	在指定地点布置场地、准备各种测量仪器和工具	
高程控制测量	水准仪的认识与使用	0.5
	水准仪的检验与校正	
	高程控制测量：闭合水准测量外业	1
	高程控制测量：闭合水准测量内业计算	
平面控制测量	经纬仪的认识与使用	1
	经纬仪的检验与校正	
	水平角与竖直角观测	
	平面控制测量：闭合导线测量外业（水平角测量）	
	距离测量与直线定向	1
	平面控制测量：闭合导线测量外业（距离测量）	
	平面控制测量：闭合导线测量内业计算	0.5
整理控制测量成果	整理控制测量成果表	0.5
	在笔记本中用 AutoCAD 绘制控制点点位略图	
工程勘察测图	全站仪测图前的准备工作	1
	全站仪测绘法测绘校园平面图	
测设的基本工作	点的各种测设方法、极坐标法测设点位、全站仪测设坐标	1
	已知高程的测设	
	已知坡度线的测设	0.5
建筑物施工测量	设计拟实地测设建筑物的总平面图与基础平面图	1.5
	建筑物定位	
	龙门板法基础放线	
	建筑物的抄平与高程传递	
	GPS 在施工测量中的基本应用	0.5
总结、考核（机动）	实训总结、整理实训报告、实训考核	0.5
合计		10
建议	增加 1 周（5 天）施工现场测量实训：参观工业与民用建筑施工测量	

5. 实训成果与成绩评定

每一项测量工作完成后，要及时整理、计算观测成果。原始数据、资料和成果应妥善保存，不得丢失。实训结束后，每位同学提交一本实训报告书，每组提交一张打印稿的校园平面图。

根据学生的实训成果（实训报告完成情况、实训记录）及在实训中的劳动态度、遵守纪律情况，由指导教师综合评定成绩。如时间允许，可由指导教师设问，现场进行实训答辩，评定成绩。

实训成绩按各院校成绩管理规定进行评等，按学籍管理规定进行管理。

6. 实训辅导安排

实训辅导安排见表2-2。

表 2-2　工程测量综合实训辅导安排

班级	教学行动周	星期	课节	辅导内容	教室
				实训动员、水准仪使用与检验校正	
				水准测量外业	
				水准测量内业	
				经纬仪使用方法	
				经纬仪检验与校正	
				水平角和竖直角观测	
				钢尺量距与直线定向	
				导线测量外业与内业	
				全站仪测绘图	
				测图问题集中解答	
				地形图的拼接、检查与整饰	
				点的测设方法	
				高程测设、坡度线测设	
				设计总平面图、基础平面图	
				建筑物定位、龙门板法	
				建筑物的抄平、高程传递	
				GPS 在工程测量中的应用	
				实训总结与考核	

第3部分
建筑工程测量集中实训报告书

1. 实训场地布置与控制测量成果表（表 3-1）

表 3-1　测区控制点点位略图

（控制测量结束后将控制点成果也填入此表）

	点号	高程/m	坐标		坐标方位角 （°　′　″）
			x/m	y/m	
控制测量成果					
点位略图					

2. 高程控制测量记录计算表（表3-2～表3-6）

表3-2　水准仪各部件及功能

部件名称	功能	部件名称	功能
准星和照门		微倾螺旋	
目镜调焦螺旋		脚螺旋	
物镜调焦螺旋		圆水准器	
制动螺旋		水准管	
微动螺旋			

表3-3　水准仪读数与高程测量

日期：　　　　　天气：　　　　班级：　　　　　小组：

仪器型号：　　　编号：　　　　观测：　　　　　记录：

测点	后视读数/m	前视读数/m	高差/m	高程/m
A				50.000
B				

表3-4　水准仪的检验与校正

圆水准器检验记录	十字丝检验记录	水准管轴检验记录

表 3-5 水准测量手簿

测站	点号	后视读数 /m	前视读数 /m	高差/m		高程/m	备注
				+	−		

表 3-6 水准测量成果计算表

测段编号	点号	测站数或距离	实测高差/m	改正数/m	改正后高差/m	高程/m	备注

3. 平面控制测量记录计算表（表3-7～表3-14）

表3-7 经纬仪认识与使用

日期： 天气： 班级： 小组：

仪器型号： 编号： 观测： 记录：

测站	目标	水平度盘读数 (° ′ ″)		备注
		盘左	盘右	

表3-8 经纬仪各部件及功能

部件名称	功 能
水平制动螺旋	
水平微动螺旋	
望远镜制动螺旋	
望远镜微动螺旋	
竖盘指标水准管	
竖盘指标水准管微动螺旋	
照准部水准管	
度盘变换手轮	
复测扳手	
测微轮	

表3-9 经纬仪的检验与校正

水准管的检验	
十字丝横丝的检验	
视准轴的检验	
横轴的检验	
竖盘指标差的检验	

表 3-10 测回法观测水平角记录计算表

测站	竖盘位置	目标	水平度盘读数 (° ′ ″)	半测回角值 (° ′ ″)	一测回角值 (° ′ ″)	备注
	左					
	右					

表 3-11 竖直角记录计算表

测站	目标	竖盘位置	竖盘读数 (° ′ ″)	指标差 (″)	半测回竖直角 (° ′ ″)	平均竖直角 (° ′ ″)	备注

表 3-12 钢尺量距与磁方位角测量手簿

日期： 天气： 尺长： 班级： 小组： 记录：

经纬仪型号与编号： 罗盘仪编号： 钢尺长度：

测段	量距外业数据			平均距离	相对误差	直线名	磁方位角
A - B	往测	整尺段数				A - B	
		余长/m					
		全长/m					
	返测	整尺段数				3 - A	
		余长/m					
		全长/m					

表 3-13 经纬仪导线测量手簿

测站	竖盘	目标	水平度盘读数 (° ′ ″)	水平角值 (° ′ ″)	平均角值 (° ′ ″)	边名	边长/m

（续）

测站	竖盘	目标	水平度盘读数 (°′″)	水平角值 (°′″)	平均角值 (°′″)	边名	边长/m

表 3-14　导线坐标计算表

点号	观测角 (° ′ ″)	改正数 (″)	改正角 (° ′ ″)	坐标方位角 (° ′ ″)	边长 /m	增量计算值		改正后增量		坐标值	
						Δx /m	Δy /m	Δx /m	Δy /m	x /m	y /m
计算检核											

4. 勘察测图记录计算表（表3-15）

表3-15 全站仪测图碎部测量手簿

测区____ 观测者____ 记录者____ ____年___ 月___ 日 天气___ 第___页

测站	碎部点号	碎部点坐标		碎部点高程 Z/m	碎部点说明
		N/m	E/m		
测站点：_____ 测站点坐标： N：_____ E：_____ Z（高程）：_____ 仪器高：_____ 棱镜高：_____ 后视点号：_____ 后视方位角：_____					
测站点：_____ 测站点坐标： N：_____ E：_____ Z（高程）：_____ 仪器高：_____ 棱镜高：_____ 后视点号：_____ 后视方位角：_____					
测站点：_____ 测站点坐标： N：_____ E：_____ Z（高程）：_____ 仪器高：_____ 棱镜高：_____ 后视点号：_____ 后视方位角：_____					

（续）

测站	碎部点号	碎部点坐标		碎部点高程 Z/m	碎部点说明
		N/m	E/m		
测站点：_____ 测站点坐标： N：_____ E：_____ Z（高程）：_____ 仪器高：_____ 棱镜高：_____ 后视点号：_____ 后视方位角：_____					
测站点：_____ 测站点坐标： N：_____ E：_____ Z（高程）：_____ 仪器高：_____ 棱镜高：_____ 后视点号：_____ 后视方位角：_____					
测站点：_____ 测站点坐标： N：_____ E：_____ Z（高程）：_____ 仪器高：_____ 棱镜高：_____ 后视点号：_____ 后视方位角：_____					

（续）

测站	碎部点号	碎部点坐标		碎部点高程 Z/m	碎部点说明
		N/m	E/m		

测站点：＿＿＿＿＿＿＿＿＿＿

测站点坐标：

N：＿＿＿＿＿＿＿＿＿＿

E：＿＿＿＿＿＿＿＿＿＿

Z（高程）：＿＿＿＿＿＿＿＿＿

仪器高：＿＿＿＿＿＿＿＿＿

棱镜高：＿＿＿＿＿＿＿＿＿

后视点号：＿＿＿＿＿＿＿＿＿

后视方位角：＿＿＿＿＿＿＿＿

测站点：＿＿＿＿＿＿＿＿＿＿

测站点坐标：

N：＿＿＿＿＿＿＿＿＿＿

E：＿＿＿＿＿＿＿＿＿＿

Z（高程）：＿＿＿＿＿＿＿＿＿

仪器高：＿＿＿＿＿＿＿＿＿

棱镜高：＿＿＿＿＿＿＿＿＿

后视点号：＿＿＿＿＿＿＿＿＿

后视方位角：＿＿＿＿＿＿＿＿

测站点：＿＿＿＿＿＿＿＿＿＿

测站点坐标：

N：＿＿＿＿＿＿＿＿＿＿

E：＿＿＿＿＿＿＿＿＿＿

Z（高程）：＿＿＿＿＿＿＿＿＿

仪器高：＿＿＿＿＿＿＿＿＿

棱镜高：＿＿＿＿＿＿＿＿＿

后视点号：＿＿＿＿＿＿＿＿＿

后视方位角：＿＿＿＿＿＿＿＿

地形图	（将所绘地形图粘贴到此处）

5. 基本测设工作实训记录计算表（表3-16、表3-17）

表 3-16 极坐标法测设点位实训记录

数据计算	实训记录

表 3-17 坡度线测设手簿

坡度线全长： 设计坡度： 起点高程28.000m

点号	后视读数 /m	视线高程 /m	距离 /m	设计高程 /m	应读读数 /m	实际读数 /m	填挖值 /m
A				28.000	—	—	—
1	—						
2	—						
3	—						
4	—						
B	—						

6. 建筑物施工测量记录计算表（表3-18～表3-20）

表3-18 设计建筑物的总平面图和基础平面图（简图）

表 3-19　建筑物定位与龙门板法基础放线记录

建筑物定位记录与计算：

龙门板法基础放线实训记录：

表 3-20　建筑物的抄平与高程传递记录

7. 全站仪使用记录计算表（表 3-21）

表 3-21　全站仪使用练习

全站仪型号：　　　　　全站仪编号：　　　　　实训日期：

班级：　　　　　　　小组：　　　　　　　姓名：

测站	实训项目	基本步骤（或按键顺序）	数据或结果
0	全站仪安置		
	配零		
	配置水平角值读数		配置角值：
	改变左（右）旋角模式		
	改变竖角/天顶距模式		
	水平角、竖直角测量		水平角值 $\beta =$ 竖直角 $\alpha_A =$ $a_B =$
	设置温度		气温：
	设置大气压		大气压
	设置仪器高		仪高：
	设置棱镜高		镜高：
	距离、高差测量		HD： SD： VD：
	距离放样		放样距离：

8. 实训总结、成绩评定表（表3-22）

表3-22　实训总结与成绩评定表

实训总结
（主要写三部分内容：实训项目、实训中个人工作表现、实训收获与感想）

成绩：

教师：

日期：

参 考 文 献

［1］李井永. 建筑工程测量［M］. 武汉：武汉理工大学出版社，2012.

［2］李井永. 建筑工程测量［M］. 北京：清华大学出版社，北京交通大学出版社，2010.

［3］魏静，王德利. 建筑工程测量［M］. 北京：机械工业出版社，2004.

［4］建筑施工企业管理人员岗位资格培训教材编委会. 测量员岗位实务知识［M］. 北京：中国建筑工业出版社，2013.

［5］张敬伟. 建筑工程测量实验与实习指导［M］. 北京：北京大学出版社，2009.

［6］何丹，彭云峰. 测量放线工［M］. 北京：中国环境科学出版社，2008.

［7］赵艳敏. 建筑工程测量及实训指导［M］. 西安：西安交通大学出版社，2011.

［8］林长进，林志维. 工程测量技能实训［M］. 大连：大连理工大学出版社，2012.